双主动全桥 DC-DC 变换器的理论和应用技术

赵 彪 宋 强 著

科学出版社

北 京

内 容 简 介

双主动全桥 DC-DC 变换器具有模块化对称结构、高功率密度、双向功率传输能力、动态响应快、软开关实现容易等特点,适合于中大功率高频隔离功率转换应用场合。本书在概述双主动全桥变换器的发展背景和应用现状的基础上,系统论述了其基础理论及应用技术,包括双主动全桥 DC-DC 变换器的工作原理、控制方法、解析模型、运行特性、设计实现方法、衍生拓扑以及在柔性交直流输配电系统的应用等。

本书可为电力电子及相关专业高校师生和科研院所工程技术人员提供学术和工程应用参考。

图书在版编目(CIP)数据

双主动全桥 DC-DC 变换器的理论和应用技术/赵彪,宋强著. —北京:科学出版社,2017.6

　ISBN 978-7-03-052896-4

Ⅰ.①双… Ⅱ.①赵…②宋… Ⅲ.①变换器-研究 Ⅳ.①TN624

中国版本图书馆 CIP 数据核字(2017)第 113304 号

责任编辑:陈　婕　纪四稳／责任校对:桂伟利
责任印制:吴兆东／封面设计:蓝正设计

科 学 出 版 社 出版
北京东黄城根北街 16 号
邮政编码:100717
http://www.sciencep.com

北京中石油彩色印刷有限责任公司 印刷
科学出版社发行　各地新华书店经销

*

2017 年 6 月第 一 版　开本:720×1000　B5
2024 年 1 月第七次印刷　印张:14 1/4
字数:280 000
定价:118.00 元
(如有印装质量问题,我社负责调换)

前　　言

随着智能电网和能源互联网的迅速发展,分布式电源及储能等的灵活接入、各类交直流输配电网等的柔性连接成为重要发展目标。因此,在未来电网中,主要由变压器和开关构成的传统配电网方式将会改变,电力电子功率转换系统(power conversion system,PCS)将以更为核心的角色实现更为系统性的功能。双主动全桥DC-DC变换器(以下简称DAB)具有模块化对称结构、高功率密度、双向功率传输能力、动态响应快、软开关实现容易等特点,适合于中大功率高频隔离功率转换系统(HFI-PCS),近年来吸引了国内外学者的广泛关注和研究。

虽然越来越多的关于DAB的研究论文见诸于国内外期刊,但是尚未见到有关专著问世。作者所在课题组较早地开展了DAB的理论和应用技术的研究,在DAB的工作原理、控制方法、解析模型、运行特性、设计实现方法、衍生拓扑以及在交直流输配电系统中的应用等方面进行了系统的研究。本书是对作者所在课题组在此方面取得成果的总结,共13章:第1章概述DAB的发展背景和应用现状,第2章介绍DAB的工作原理和基本运行特性,第3章分析DAB的控制方法,第4章提出一种DAB的统一解析模型,第5~8章分别探讨DAB的软开关特性、死区效应、暂态特性和损耗特性,第9章分析新型碳化硅器件在DAB中应用时的特性,第10章介绍几种典型的DAB衍生拓扑结构,第11~13章分别介绍以DAB为核心的不间断供电系统、直流变压器、交流电力电子变压器的系统级解决方案。

在撰写本书的过程中,作者参阅了不少国内外的书籍和相关论文,并将主要的文献列入本书的参考文献,在此向这些文献的作者致谢。在课题的研究中,清华大学的韩英铎院士、刘文华教授、姜齐荣教授、于庆广副教授、谢小荣副教授、陆超副教授、袁志昌副教授给予了很多的指导和关心,华北电力大学的李建国博士、深圳供电局赵宇明博士、刘国伟工程师给予了极大的帮助,曾作为博士后、博士生、硕士生的金一丁、孙伟欣、肖宜、王立雯、王裕、孙谦浩等为本书做出了重要贡献,在此一并致谢。

本书的研究工作得到了国家高技术研究发展计划(863计划)(2013AA050104、2015AA050103)、国家自然科学基金面上项目(51077076)、国家自然科学基金青年科学基金项目(51507089)的资助,特此致谢。

本书内容主要是作者在此领域近期的研究成果，限于时间和水平，不足之处在所难免，敬请广大读者批评指正。

作　者

2017 年 3 月

目　　录

前言

第1章　绪论 ……………………………………………………………………… 1

  1.1　双主动全桥变换器的发展背景 ……………………………………… 1

    1.1.1　高频隔离功率转换系统的发展 …………………………………… 1

    1.1.2　宽禁带功率器件的发展 ……………………………………………… 2

    1.1.3　DAB 的发展 ………………………………………………………… 3

  1.2　双主动全桥变换器的典型应用 ……………………………………… 5

    1.2.1　电池储能并网系统 …………………………………………………… 5

    1.2.2　电力电子变压器及能量路由器 …………………………………… 6

    1.2.3　直流变压器 …………………………………………………………… 9

  1.3　双主动全桥变换器研究中的关键问题 ……………………………… 10

    1.3.1　DAB 的高频特性和优化方法 …………………………………… 10

    1.3.2　先进器件的应用特性和优化设计 ……………………………… 11

    1.3.3　系统级应用方式和控制管理 …………………………………… 11

  1.4　本书的主要内容 ……………………………………………………… 12

第2章　双主动全桥变换器的工作原理 …………………………………… 13

  2.1　基本工作原理 ………………………………………………………… 13

  2.2　移相控制方法 ………………………………………………………… 13

  2.3　工作模态与开关特性 ………………………………………………… 14

    2.3.1　正向功率流 …………………………………………………………… 14

    2.3.2　反向功率流 …………………………………………………………… 16

  2.4　传输功率特性 ………………………………………………………… 19

  2.5　本章小结 ……………………………………………………………… 20

第3章　双主动全桥变换器的 PWM 移相控制方法 …………………… 21

  3.1　移相控制的功率回流现象 …………………………………………… 21

  3.2　扩展移相控制方法 …………………………………………………… 21

    3.2.1　控制原理 ……………………………………………………………… 21

    3.2.2　工作模式与开关特性 ……………………………………………… 22

    3.2.3　传输功率特性 ·················· 26

    3.2.4　回流功率特性 ·················· 27

    3.2.5　电流应力特性 ·················· 28

  3.3　双移相控制方法 ·················· 29

  3.4　移相控制的优化开关策略 ·················· 32

    3.4.1　电流应力最优开关模型 ·················· 32

    3.4.2　电流应力最优控制模型 ·················· 34

    3.4.3　优化开关策略的扩展 ·················· 34

  3.5　实验研究 ·················· 36

    3.5.1　扩展移相控制实验 ·················· 36

    3.5.2　双移相控制实验 ·················· 40

    3.5.3　优化开关策略实验 ·················· 41

  3.6　本章小结 ·················· 44

第 4 章　双主动全桥变换器的高频链统一模型 ·················· 45

  4.1　DAB 的高频链统一特性描述 ·················· 45

    4.1.1　移相控制的统一形式 ·················· 45

    4.1.2　高频链电压和电流统一描述 ·················· 46

    4.1.3　高频链传输功率统一描述 ·················· 47

  4.2　DAB 的高频链环流特性 ·················· 48

    4.2.1　高频链无功功率定义 ·················· 48

    4.2.2　环流功率统一描述 ·················· 50

  4.3　DAB 的高频链基波优化控制策略 ·················· 50

    4.3.1　基波环流最优模型 ·················· 51

    4.3.2　基波最优控制策略 ·················· 52

    4.3.3　基波最优控制策略表现性能 ·················· 53

  4.4　DAB 的工程化分析软件 ·················· 53

  4.5　实验分析 ·················· 54

  4.6　本章小结 ·················· 57

第 5 章　双主动全桥变换器的软开关特性 ·················· 58

  5.1　DAB 的软开关行为 ·················· 58

    5.1.1　不匹配运行状态 ·················· 58

    5.1.2　开关行为分析 ·················· 59

    5.1.3　软开关运行范围 ·················· 62

5.2　扩展移相控制对软开关行为的改进 ·············· 63

　　5.2.1　EPS 控制不匹配运行状态 ··········· 63

　　5.2.2　开关行为分析 ··············· 64

　　5.2.3　软开关运行范围 ·············· 69

5.3　谐振软开关方案 ················· 71

5.4　本章小结 ···················· 73

第 6 章　双主动全桥变换器的死区效应与功率校正模型 ······· 74

6.1　电压极性反转和相位漂移现象 ··········· 74

6.2　开关特性校正 ·················· 75

　　6.2.1　升压状态 ················· 75

　　6.2.2　降压状态 ················· 79

　　6.2.3　匹配状态 ················· 81

6.3　传输功率特性校正 ················ 82

6.4　实验研究 ···················· 85

　　6.4.1　开关特性实验 ··············· 85

　　6.4.2　传输功率特性实验 ············· 91

6.5　本章小结 ···················· 94

第 7 章　双主动全桥变换器的暂态特性与优化调制 ········· 95

7.1　暂态直流偏置和电流冲击效应 ··········· 95

7.2　暂态特性描述 ·················· 96

　　7.2.1　功率突增 ················· 96

　　7.2.2　功率突减 ················· 98

7.3　暂态优化调制 ·················· 98

7.4　电流应力对比 ················· 100

7.5　实验研究 ··················· 100

　　7.5.1　传统调制的暂态实验 ············ 101

　　7.5.2　优化调制的暂态实验 ············ 103

　　7.5.3　电流应力对比实验 ············· 103

7.6　本章小结 ··················· 106

第 8 章　双主动全桥变换器的损耗特性分析方法 ········· 107

8.1　DAB 的特征电流描述 ·············· 107

　　8.1.1　DAB 的开关函数定义 ··········· 107

　　8.1.2　通态电流统一模型 ············· 109

8.1.3　开关电流统一模型 ·················· 111

8.2　DAB 的通态损耗统一模型 ··········· 111

8.2.1　开关管和二极管的通态损耗 ········ 111

8.2.2　变压器的通态损耗 ················ 112

8.2.3　电容的通态损耗 ·················· 112

8.3　DAB 的开关损耗统一模型 ··········· 113

8.3.1　DAB 的开关行为统一描述 ········· 113

8.3.2　DAB 的开关损耗 ················· 114

8.4　DAB 的损耗特性分析 ··············· 116

8.4.1　分析计算参数 ···················· 116

8.4.2　特征电流计算结果 ················ 116

8.4.3　DAB 的损耗分析 ················· 118

8.5　本章小结 ························· 120

第 9 章　基于 SiC 的双主动全桥变换器及其设计 ··· 121

9.1　Si-DAB 和 SiC-DAB 的比较分析 ····· 121

9.1.1　Si-DAB 和 SiC-DAB 损耗特性对比 ··· 121

9.1.2　Si-DAB 和 SiC-DAB 对比样机设计 ··· 122

9.2　SiC-DAB 安全工作区的定义 ········· 124

9.2.1　SiC 对 DAB 参数设计的影响 ········ 124

9.2.2　传输功率的有效工作区 ············ 125

9.2.3　电流应力的有效工作区 ············ 126

9.2.4　电流有效值的有效工作区 ·········· 128

9.2.5　DAB 的安全工作区 ··············· 129

9.3　SiC-DAB 的统一离散化设计策略 ····· 131

9.3.1　效率离散化特性 ·················· 131

9.3.2　功率密度离散化特性 ·············· 132

9.3.3　离散化参数设计 ·················· 135

9.4　SiC-DAB 的优化设计和实现 ········· 136

9.4.1　参数优化设计 ···················· 136

9.4.2　硬件优化设计 ···················· 136

9.4.3　DAB 优化设计和实现的一般化流程和建议 ··· 137

9.5　实验研究 ························· 139

9.5.1　Si-DAB 和 SiC-DAB 的对比实验 ····· 139

　　9.5.2　SiC-DAB 在高频隔离 PCS 中的应用实验 ················· 142

　9.6　本章小结 ·· 146

第 10 章　双主动全桥变换器的衍生拓扑 ····························· 147

　10.1　电流源型 DAB ·· 147

　10.2　三端口 DAB ·· 148

　10.3　三相 DAB ·· 150

　10.4　高频链多电平 DAB ·· 152

　　10.4.1　三电平结构 ·· 152

　　10.4.2　模块化多电平结构 ···································· 152

　　10.4.3　多重模块化结构 ······································ 154

　10.5　其他 DAB 衍生拓扑 ·· 156

　　10.5.1　器件串联型 ·· 156

　　10.5.2　直接型 AC-AC ·· 156

　10.6　本章小结 ··· 157

第 11 章　基于 DAB 的多功能模块化不间断供电系统 ················· 158

　11.1　基于 DAB 的 IUPS 拓扑结构 ································· 158

　11.2　IUPS 的运行方式 ·· 159

　11.3　IUPS 的工作原理 ·· 162

　　11.3.1　整流馈电模块的工作原理 ······························ 162

　　11.3.2　隔离充放电模块的工作原理 ···························· 164

　　11.3.3　逆变模块的工作原理 ·································· 164

　11.4　IUPS 的控制和管理策略 ····································· 165

　　11.4.1　分层控制管理体系 ···································· 165

　　11.4.2　分散控制逻辑 ·· 167

　　11.4.3　分散逻辑控制策略 ···································· 168

　11.5　IUPS 的硬件设计与实现 ····································· 171

　11.6　实验研究 ··· 172

　　11.6.1　稳态实验分析 ·· 172

　　11.6.2　暂态实验分析 ·· 174

　11.7　本章小结 ··· 177

第 12 章　基于 DAB 的直流固态变压器 ···························· 178

　12.1　基于 DAB 的 DCSST 拓扑结构 ······························· 178

　12.2　DCSST 的运行方式 ··· 179

12.3　DCSST 的工作原理 ……………………………………… 181

12.4　DCSST 的控制和管理策略 ………………………………… 183

12.5　DCSST 的硬件设计和实现 ………………………………… 184

12.6　实验研究 ………………………………………………………… 186

12.6.1　稳态实验分析 ………………………………………… 186

12.6.2　暂态实验分析 ………………………………………… 187

12.7　本章小结 ………………………………………………………… 188

第 13 章　基于 DAB 的交流固态变压器 ……………………………… 190

13.1　基于 DAB 的 ACSST 拓扑结构 …………………………… 190

13.2　ACSST 的运行方式 …………………………………………… 191

13.3　ACSST 的工作原理 …………………………………………… 191

13.3.1　级联单元的工作原理 ………………………………… 192

13.3.2　HFI 单元的工作原理 ………………………………… 194

13.3.3　输出单元的工作原理 ………………………………… 194

13.4　ACSST 的控制和管理策略 ………………………………… 194

13.4.1　协调控制管理策略 …………………………………… 194

13.4.2　分层控制管理体系 …………………………………… 196

13.4.3　分散逻辑控制策略 …………………………………… 198

13.5　ACSST 的硬件设计和实现 ………………………………… 200

13.6　实验研究 ………………………………………………………… 201

13.6.1　稳态实验 ……………………………………………… 201

13.6.2　暂态实验 ……………………………………………… 202

13.7　基于 DAB 的 HFI-PCS 解决方案的统一策略探讨 …… 205

13.8　本章小结 ………………………………………………………… 207

参考文献 ………………………………………………………………… 208

第1章 绪 论

1.1 双主动全桥变换器的发展背景

1.1.1 高频隔离功率转换系统的发展

自20世纪70年代的能源危机后,能源短缺和环境污染一直是各国关注的焦点[1]。分布式电源通常具有较高的供电可靠性、较低的初投资、较小的输电损失和适合可再生能源应用等大量优点,其发电能力使得配电网具有供电和发电的双向配电功能,灵活性增强[2,3]。这些优势都使得分布式电源得到越来越多的重视,尤其是随着智能电网和能源互联网的迅速发展,分布式电源及储能的灵活接入成为智能电网和能源互联网建设中的重要发展目标之一[4]。

然而,各种分布式电源和储能等都需要通过功率转换系统(power conversion system,PCS)才能接入电网;随着柔性直流配电网、微电网等的发展,各种高低压配电母线之间也需要通过 PCS 才能实现能量传递[5,6],因此,在未来电网中,主要由变压器和开关构成的传统配电网方式将会改变。PCS 将作为更为核心的角色,不仅实现各种交直流电压转换和电压等级变换,还要实现功率流动的灵活控制和智能管理[7,8];交直流输配电网、分布式电源、储能、负荷等将通过 PCS 形成一个能量变换网络。

在现有 PCS 的各种方案中,主要是通过工频隔离变压器来实现各类不同系统之间的电压匹配和电气隔离[9-11]。而工频隔离变压器通常具有体积大、质量大、噪声大等缺点,这将阻碍 PCS 的普及。近年来,常采用高频隔离(high frequency isolation,HFI)变压器取代传统的工频隔离变压器,普遍认为这是 PCS 技术的必然发展趋势[12,13]。图 1.1 给出了一种基于工频隔离和 HFI 的功率转换方案对比。采用 HFI 方案的优势在于:它使得 PCS 的体积小、重量轻、成本低,可避免传统工频变压器由于铁心磁饱和造成系统中电压电流波形畸变的问题;若将开关频率提高到 20kHz 以上,可大大减小 PCS 的运行噪声。尤其在 PCS 越来越普及的背景下,HFI-PCS 的应用前景广阔。

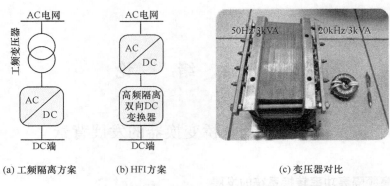

(a) 工频隔离方案　　　(b) HFI方案　　　　(c) 变压器对比

图 1.1　一种基于工频隔离和 HFI 的功率转换方案对比

1.1.2　宽禁带功率器件的发展

采用 HFI-PCS 技术取代工频隔离 PCS 技术可以大大提高 PCS 的功率密度，减小噪声等。但是，由于 HFI-PCS 通常包含双向 DC-DC 变换、DC-AC 变换等多级变换环节，高开关频率和多级变换将使损耗大为增加；并且传统的硅（silicon，Si）半导体功率器件已越来越接近其发展极限，特别是在高频率、高温度和高功率领域，这些原因使得目前 HFI-PCS 与大规模的实际应用尚有距离[14]。

最近几年，碳化硅（SiC）和氮化镓（GaN）等新一代宽禁带（wide band gap，WBG）半导体器件越来越被人们所关注[15,16]。表 1.1 列出了常见的 WBG 半导体材料与传统 Si 及砷化镓（GaAs）半导体材料的特性比较。相比于 Si 及 GaAs，这些 WBG 半导体材料均具有更高的击穿场强、热导率及电子饱和速率，因此它们比 Si 及 GaAs 更适合制作高频率、高温度及高功率的半导体器件。在这些 WBG 半导体材料中，GaN 和 SiC 已经从材料研究阶段进入器件应用阶段[17]。而相对于 GaN，SiC 的热导率、击穿场强更高，且 SiC 单晶材料更容易获得，价格相对要低，因此在高温和高压大功率领域，SiC 具有更多的优势。

表 1.1　几种半导体材料的性能对比

参数	Si	GaAs	4H-SiC	GaN
能带间隙/eV	1.1	1.43	3.26	3.45
击穿场强/(V/cm)	3×10^5	4×10^5	3×10^6	3×10^6
热导率/(W/(cm·K))	1.5	0.46	4.9	1.3
电子迁移率/(cm/s)	10^7	2×10^7	2.7×10^7	2.7×10^7
电阻系数/(Ω·cm)	10^3	10^8	$>10^{12}$	$>10^{10}$

由于晶体材料和外延设备的技术限制,我国 SiC 功率器件的制造技术相对落后。国外,量产化技术比较成熟的是 SiC 功率二极管,以美国 Cree 公司为代表生产的 SiC 开关器件已经进入市场,目前可以购买到 1200V/300A 以及 1700V/100A 等级的功率模块。

在 SiC 功率器件的应用研究方面,2008 年日本丰田公司开发出了 SiC 二极管逆变器,日本大阪的关西电力公司开发出 SiC 逆变器用于光伏发电。自 2008 年以来,在相关器件公司提供的 SiC-JFET、SiC-BJT 和 SiC-DMOS 样品的支持下,部分研究机构陆续对 SiC 开关器件进行了相关应用探讨。文献[18]~[21]研究了基于 SiC-JFET 的非隔离双向 DC-DC 变换器,应用于电动汽车储能电池的充放电管理;文献[14]、[22]~[25]探讨了基于 SiC-JFET 的 Buck/Boost 电路及逆变器等的应用特性;文献[26]对比了 SiC-BJT 和 Si-IGBT 功率器件的静态和开关特性;文献[27]~[29]分析了 SiC-DMOS 在五电平及升压直流变换器中的应用特性;文献[30]主要分析了 SiC-DMOS 在双主动全桥变换器中应用时的高频设计要素以及表现性能。文献[31]在 Rohm 公司 SiC-DMOS 样品的支持下,探讨了升压直流变换器的高频工作特性。另外,文献[32]还全面探讨了 SiC MOSFET 应用于分布式能源接口功率变换器的影响;文献[33]则对 SiC 器件的温度特性进行了深入的研究。

总体来说,相比于 Si 功率器件,SiC 具有高压、高温、高频、低损耗等大量优点,为解决 HFI-PCS 的技术瓶颈提供了新的途径,有望推动高压大功率 HFI-PCS 的实际应用。

1.1.3　DAB 的发展

根据前面的论述,在未来智能电网和能源互联网中,HFI-PCS 将会越来越普及。而相比传统的工频隔离 PCS,高频隔离双向 DC-DC 变换器(isolated bidirectional DC-DC converter,IBDC)将是 HFI-PCS 的关键环节。IBDC 的拓扑结构很多,而一般来说,各种 IBDC 均可以由对应的隔离单向 DC-DC 变换器(isolated unidirectional DC-DC converter,IUDC)演化得到。例如,反激式 IUDC 可以组成双反激式 IBDC,半桥式或推挽式 IUDC 可以组成双半桥式或双推挽式 IBDC,而全桥 IUDC 则可以组成双全桥变换器,或称双主动全桥(dual-active-bridge,DAB)。事实上,除了相同形式的 IUDC 可以组成上述对称式的 IBDC,不同形式的 IUDC 也可以组成不对称的 IBDC。例如,半桥式和推挽式 IUDC 可以组成半桥-推挽式 IBDC,由于半桥式和推挽式结构可以分别承受高低压端电压,所以这类 IBDC 较适合于宽电压调节范围和双向功率传输的应用场合。

与电力电子学科中传统 DC-DC 变换器的分类类似,基于开关管数量给出 IBDC 拓扑结构的一种分类方法,如表 1.2 所示。最简单的 IBDC 拓扑是双管结构,如双反激式 IBDC[34],三管结构如正反激式 IBDC[35],四管结构如双推挽式 IB-DC、推挽正激式 IBDC、推挽反激式 IBDC 和双半桥式 IBDC[36-39],五管结构如全桥正激式 IBDC[40],六管结构如半桥全桥式 IBDC[41],而八管结构主要指 DAB[42]。

表 1.2　IBDC 拓扑结构的分类

开关管数量	典型结构
双管	双反激式,双丘克式,瑞泰-塞皮克式
三管	正反激式
四管	双推挽式,推挽正激式,推挽反激式,双半桥式
五管	全桥正激式
六管	半桥全桥式
八管	双全桥式(双主动全桥)

虽然 IBDC 的拓扑结构众多,但总体来说,当开关管的电压和电流等级一定时,IBDC 的功率传输能力与开关管数量成正比,例如,四管 IBDC 的功率传输能力是双管 IBDC 的 2 倍,是八管 IBDC 的 1/2,因此 DAB 具有最大的功率传输能力。除了上述优点,DAB 还具有模块化对称结构、双向功率传输能力、动态响应快、软开关实现容易等大量优点,尤其适合于中大功率应用场合。随着 PCS 的发展,DAB 在最近几年吸引了越来越多研究者的关注。

2007 年,日本东京工业大学赤木泰文课题组提出 DAB 将作为核心电路被普遍应用在新一代的 HFI-PCS 中[43],此观点被很多学者所接受。图 1.2 给出了 DAB 的拓扑结构,其主要由两个全桥变换器、两个直流电容、一个辅助电感和一个 HFI 变压器组成。HFI 变压器给电路提供电气隔离和电压匹配,而辅助电感作为瞬时能量存储环节。

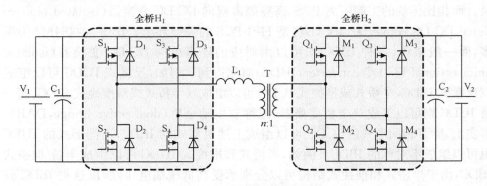

图 1.2　DAB 的拓扑结构

事实上,DAB 早在 1991 年就被提出了[44,45],但是受到当时功率器件和磁性材料等的限制,DAB 的高频特性使得电路损耗较大,效率远达不到实际应用的需求,因此一直没有发展起来,相关文献的探讨也较少。而最近一些年,随着新兴功率器件以及磁性材料的发展(尤其是 SiC 功率器件的发展),DAB 又吸引了很多学者的目光。

目前,国内外对该电路的研究主要集中在基本特性、软开关、拓扑结构及控制方法等方面。例如,文献[46]～[53]对 DAB 的传输功率、死区效应、动态模型等基本特性进行了研究;文献[54]～[63]提出了 DAB 的各种软开关方案及改进拓扑结构以减少元件损耗或改进软开关特性等;文献[64]～[70]提出了一簇混合移相控制算法以改善变换器特性、减小电流应力等;文献[71]和[72]对 DAB 在稳态状况下的基本工作原理、设计和控制方法进行了系统介绍;文献[73]提出了一种采用自然开关曲面的边界控制方案;文献[74]对暂态状况下的基本特性进行了讨论并提出了改进变换器鲁棒性的方法。

尽管如此,由于 HFI-PCS 技术得到重视的时间并不长,对于 DAB 很多方面的研究也还并不完善,一些基本特性和控制方法的探讨也仅仅停留在理论研究的范畴,对 DAB 在实际工作中的一些表现特性缺乏深入探讨。另外,由于 DAB 的高频特性,Si 功率器件的应用已经接近极限,也使得基于 Si 功率器件的 DAB 表现性能有待提高。

1.2　双主动全桥变换器的典型应用

近几年,很多研究者纷纷开展了基于 DAB 的 HFI-PCS 的研究,这里介绍几个具有代表性的应用场景和研究项目。

1.2.1　电池储能并网系统

传统的电池储能并网系统(BESS),主要可以分为单步和双步两种结构[75-77],如图 1.3 所示。其中,交流侧以单相变换为例。基于单步结构的 BESS 通过电压源变流器(VSC)直接接入电网,这种系统结构简单、功率损耗小,但是缺少直流电压管理单元,直流系统需要与电压源电压匹配,灵活性较低。相比单步结构,基于双步结构的 BESS 增加了 DC-DC 变换器(主要为 Buck/Boost 变换器)作为中间环节。以储能系统并网为例,DC-DC 变换器可以减小蓄电池系统的电压等级,减小蓄电池串联数量,并且提高系统的电压稳定性。由于这些优点,双步结构的 BESS 在实际工程中得到了更广泛的应用[78]。尽管如此,由于 DC-DC 变换器的加入,系统损耗和成本也相应增加。另外,为了保证直流单元的安全可靠运行,需要在直流单元和电网之间提供电气隔离,目前采用的方案主要是增加工频隔离变压器,而工频变压器往往体积庞大、笨重、噪声很大并且电能质量差。

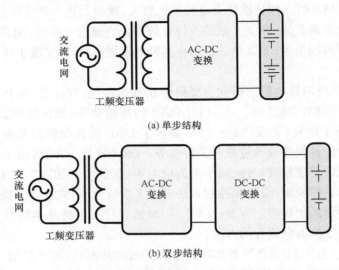

(a) 单步结构

(b) 双步结构

图 1.3　传统的电池储能并网系统的典型结构形式

　　图 1.4 给出了基于 DAB 的 BESS 的基本结构。在此结构中,采用 DAB 替代了传统的 Buck/Boost 变换器和工频变压器,因此 BESS 除了具有电压变换、电气隔离和功率传递的基本功能,还具有波形、潮流和电能质量控制功能,并且 HFI 变压器的使用使系统具有更高的功率密度和模块化程度以及更小的噪声。

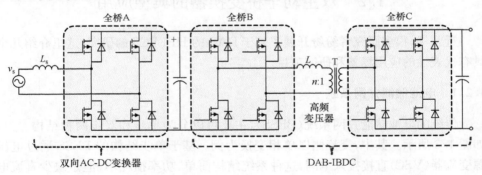

图 1.4　基于 DAB 的 BESS 的基本结构

1.2.2　电力电子变压器及能量路由器

1) 未来可再生能源传输和管理项目

　　在很短的时间里,计算机产业从大型集中的工业主机迅速转变成以分布式计算机为基础设施的全球互联网络。那么,随着可再生能源的大规模渗入,电力系统是否也应该有这种发展趋势,个人用户是否将扮演同样的发展角色。通过这种类比,美国北卡罗来纳大学提出了未来可再生能源传输和管理系统(future renewable electric energy delivery and management,FREEDM),又称能量互联网(energy internet)[79]。在能量互联网中有三个关键环节:即插即用接口,即 120V 交流或 400V 直流母线;功率路由器,即智能能量管理(intelligent energy management,IEM)设备,主要是连接 12kV 交流配网和 120V 交流和 400V 直流母线,并且识别和管理所有连接在这些母线上的分布式电源、储能以及负载设备等;开放的标准协议,称为分布式电网智能(distributed grid intelligent,DGI),嵌入在每个 IEM 设备中,利用通信网络来协调所有能量路由器的工作。

在 FREEDM 中,IEM 设备是最为核心的环节,主要采用基于 DAB 的电力电子变压器构成,以实现各种交直流电压转换和电压等级变换,以及功率流动的灵活控制和智能管理,如图 1.5 所示。在 FREEDM 中,IEM 设备将安装在每个智能配电网中,代表着 HFI-PCS 的发展趋势,并且与智能电网、物联网的建设思路是相呼应的。

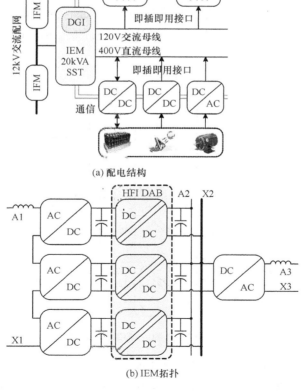

(a) 配电结构

(b) IEM 拓扑

图 1.5　基于 DAB 的电力电子变压器(能量路由器)示意图

美国北卡罗来纳大学建立了 FREEDM 研究中心,对系统中所涉及的各项关键技术进行研究[80-83]。目前,在系统层面,已经建立了基于 Si 功率器件的 HFI IEM 样机,并拟实施基于 15kV 等级 SiC 功率器件的 IEM 系统。

2) 未来电网中的通用灵活电能管理项目

在国外,除了美国北卡罗来纳大学提出的 FREDDM,具有代表性的研究还有欧洲提出的未来电网中的通用灵活电能管理(universal and flexible power management)项目,简称 UNIFLEX-PM 项目[84]。该项目由英国诺丁汉大学、丹麦奥尔堡大学、瑞士洛桑联邦高等理工学院、ABB 公司等联合承担,共分为工程管理与宣传、应用特性描述、变换器结构、隔离模块、控制和电网交互、可靠性和经济性、硬件评估七大研究内容,项目的最终目标是发展满足未来欧洲电网新应用需求的先进功率转换技术,并在硬件平台上验证这些技术的可行性。

在 UNIFLEX-PM 项目中,对于功率变换器功能的定位包括分布式电源的最佳连接、储能系统的接入和管理、输配电基础设施的优化利用、高质量供电以及协调控制等。而从市场可接受程度来看,功率变换器要具有低损耗、高可靠性、小体积以及低成本等特性。最后,项目也提出采用 HFI 模块和先进功率器件(主要指 SiC)的模块化功率变换结构将是实现上述应用需求的关键因素[85,86]。具体方案上,UNIFLEX-PM 项目同样采用了以 DAB 为核心的三端口 HFI-PCS,如图 1.6 所示。

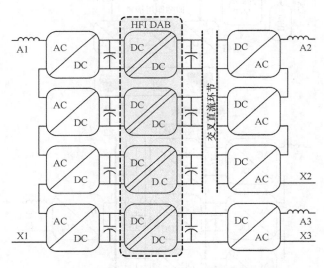

图 1.6　基于 DAB 的三端口功率转换系统

相比 FREEDM 项目,UNIFLEX-PM 项目是一个包含先进功率转换技术、电力系统控制管理以及经济性等各方面研究内容的综合研究项目,为欧洲电网的发展提供了技术储备。目前,已经建立了基于 Si 功率器件的两端 UNIFLEX-PM 样机,但是其系统性功能有待进一步设计和验证。

1.2.3 直流变压器

随着功率半导体技术的发展,直流输配电技术的线路造价低、电能损耗小、供电可靠性高、储能和新能源发电系统接入成本低等优点变得越来越突出,使得直流输配电成为目前的研究热点。在柔性直流输配电中,直流变压器将是核心环节以实现不同电压等级母线直接的电压变换和功率传递。

事实上,从 2013 年开始,在国家高技术研究发展计划(863 计划)项目的支持下,深圳供电局与清华大学、浙江大学等高校合作,展开了基于柔性直流的智能配电(distribution based on flexible DC transmission system, D-FDCTS)项目研究[12]。在 D-FDCTS 项目中,高压配电母线主要基于柔性直流输电系统,如图 1.7 所示,不仅包含高压直流配电母线,还包含低压直流配电母线,高低压配电母线均可以接入分布式电源、储能和负荷等。

在 D-FDCTS 中,为了将各类直流性质的分布式电源、储能和负荷等接入直流配电,以及实现高低压直流配电母线的电压等级变换和功率控制,直流变压器是最为核心的环节,在具体实现方案上,也是计划采用基于 DAB 的 HFI-PCS 技术[87]。

相比 FREEDM 和 UNIFLEX-PM 项目,D-FDCTS 项目反映了 HFI-PCS 在柔性直流电网中的发展趋势,具有典型意义。从图 1.7 中可以看出,相对 1.2.2 节的交流固态变压器、三端口 PCS 等系统,直流变压器变换步骤少、实现相对简单,表现性能也更易达到实际应用的需求。

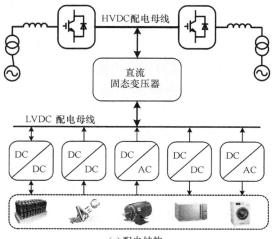

(a) 配电结构

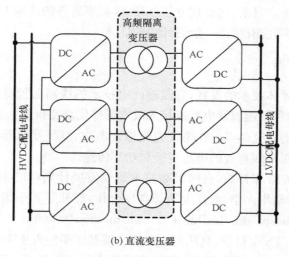

(b) 直流变压器

图 1.7　基于 DAB 的直流变压器方案

1.3　双主动全桥变换器研究中的关键问题

1.3.1　DAB 的高频特性和优化方法

在 HFI-PCS 中,DAB 主要完成直流到高频交流的功率转换,其电压和电流的变换以及功率的传输均是采用高频形式进行的。在开关频率较高时,死区时间等在开关周期内的占比越大,对开关特性的影响越明显,进而也会导致传输功率等特性的改变。另外,DAB 的交流环节也仅仅是中间过渡环节,交流环节的谐波及正弦度优化并非最终目标,暂态过程也存在差异。尤其是随着 SiC 等更高频率器件的出现,DAB 的高频调制方法、开关特性描述与优化、交直流电压和电流等电气量耦合关系都有待系统研究。

事实上,DAB 尽管具有功率密度高、软开关实现容易、双向功率传输能力、模块化结构等优点,但是由于采用辅助电感或漏感传递能量,在实际工作过程中,两端电压与变压器变比不匹配时变换器环流很大,进而导致很大的电流应力及较低的效率。目前,对于 DAB 环流问题的解决方案主要集中在两个方面:一种是采用改进的拓扑结构和软开关策略[56,57],这种方案往往会以损失 DAB 电路的对称性、动态特性或增加成本为代价;另一种是采用改进的控制方法。在已存在的双移相[46,50]和混合移相[67-70]等先进控制方案中,通常 DAB 的两个全桥内部均存在移相行为,如何设计和选择控制变量以达到 DAB 的最优运行等均是 DAB 研究的关键问题。

1.3.2　先进器件的应用特性和优化设计

对 DAB 的工作特性和优化方法的深入分析,可以在一定程度上改进 DAB 表现性能,但是由于 Si 功率器件的开关频率限制和损耗等,此层面的探讨都只能在 Si 半导体性能范围内改善系统特性。在基于 DAB 的 HFI-PCS 中,SiC 功率器件可以有效提高系统的效率、功率密度等表现性能,是解决其实际应用瓶颈的关键因素。

但是由于 SiC 功率器件刚刚进入市场,一些应用特性的分析大多集中在 Buck、Boost 等基础电路方面[18-20],少数文献对 SiC 在 HFI-PCS 中应用特性的探讨也多集中在性能预测和理论特性探讨的范畴[15,30,43],文献[88]也仅给出了 SiC 在智能 HFI-PCS 中应用时的部分实验结果。总体来说,现有文献中对 SiC 在 DAB 等核心电路中的应用特性和优化设计研究较少涉及。

而事实上,由于 SiC 功率器件在开关频率、损耗和工作温度等方面具有显著的优越性能,在 HFI-PCS 设计和实现过程中,必然存在很多与传统 Si 功率器件设计时不同的方法。因此,如何对应用 SiC 时 HFI-PCS 的电气和机械参数进行优化设计,以充分利用 SiC 的各种优秀性能,进一步提高系统的效率、功率密度、模块化程度等表现性能是有待解决的关键问题。

另外,在高压大功率应用场合,DAB 的隔离变压器不仅需要运行在高频状态,并且要承受较大的功率和隔离电压,如何实现具有高密度的高压大容量高频变压器也是推动 HFI-PCS 在高压大容量领域应用的关键。

1.3.3　系统级应用方式和控制管理

在不同的应用场合,对 PCS 的功能要求不同,会导致系统的表现形式不同。在 FREEDM 项目中,为了实现高低压交流配网以及分布式电源等之间的电压和能量管理,采用了交流固态变压器的实施方案;在 UNIFLEX-PM 项目中,为了实现电网之间的功率流动,采用了三端口背靠背变流器的实施方案;而在 D-FDCTS 项目中,为了实现高低压直流配网以及分布式电源等之间的电压和能量管理,采用了直流变压器的实施方案。对于 FREEDM 中交流固态变压器的实施方案已经有了很多探讨[80-83],但从硬件方案上,目前主要是针对 Si 器件及链式结构样机的探讨[89]。对于 UNIFLEX-PM 中的三端口背靠背方案,虽然已经建立了基于 Si 功率器件的两端 UNIFLEX-PM 样机,但是系统级的控制和管理策略以及样机实验等都还没有涉及[85,86]。对于 D-FDCTS 中的直流变压器方案,更有待深入研究。

事实上,采用以 DAB 为核心的 HFI 功率转换技术取代传统的工频隔离功率转换技术具有较多的优势,尤其是 SiC 的应用给 HFI-PCS 带来了更多新的特点。

在具体的应用场合,如何对系统级的拓扑结构、运行方式、控制管理策略、故障管理、硬件平台等进行综合设计以达到技术要求,并适应高效率、高功率密度、智能型 PCS 的发展趋势,是在进行系统层面设计时需要解决的关键问题。

1.4　本书的主要内容

随着未来电网中分布式电源、储能单元的大规模涉入,主要由变压器和开关构成的传统配电网方式将会彻底改变,PCS 将作为更为核心的角色并实现更为系统性的功能。近年来,DAB 作为核心电路被普遍应用到新型 HFI-PCS 中,吸引了国内外学者的广泛关注。本书对 DAB 的理论和应用技术进行了系统的研究,分为 13 章:

第 2 章介绍 DAB 的工作原理,给出基本控制方法、工作模式和开关特性,以及传输功率特性分析。

第 3 章介绍 DAB 的 PWM 移相控制方法,尤其是对几种典型的先进移相控制方法进行分析,并给出优化开关策略,以提高电流应力和效率等表现性能。

第 4 章对 DAB 的解析模型进行分析,尤其是基于傅里叶分解提出一种统一解析模型,基于基波环流提出一种简单实用的基波最优控制策略。

第 5 章对 DAB 在各种运行状态下的软开关特性进行分析,并介绍几种典型的谐振软开关拓扑方案。

第 6 章对 DAB 的死区效应进行系统的理论研究与实验验证,并给出 DAB 在实际工作中存在的电压极性反转、电压跌落以及相位漂移等现象,校正开关特性和功率模型。

第 7 章对 DAB 的暂态特性进行分析,提出一种暂态优化调制方法以消除 DAB 的暂态直流偏置,减小电流冲击,并且有效加快动态响应速度。

第 8 章对 DAB 的损耗特性进行分析,尤其是基于 DAB 的开关函数定义,给出其特征电流的统一模型,建立 DAB 的通用损耗模型。

第 9 章对 SiC 功率器件在 DAB 中的应用特性进行分析,并提出 SiC-DAB 安全工作区以及统一离散化设计策略。

第 10 章介绍几种典型的 DAB 衍生拓扑,包括电流源型结构、三端口结构、三相结构、三电平结构、模块化多电平结构、多重模块化结构、器件串联型结构、直接型 AC-AC 结构。

第 11~13 章分别以不间断供电系统、直流变压器、交流电力电子变压器为应用对象,研究以 DAB 为核心的 HFI-PCS 的系统级解决方案。

第 2 章　双主动全桥变换器的工作原理

本章主要对 DAB 的基本工作原理进行介绍,给出基本控制方法,并对其工作模态、开关特性以及传输功率特性进行分析。

2.1　基本工作原理

图 2.1 对比了高频隔离的 DAB 和传统交流电力系统的基本工作原理。对于 DAB,两侧全桥均工作在逆变状态,在交流环节产生高频交流波。因此,与交流电力系统中双机系统的工作原理类似,DAB 也可以等效为两个交流源连接在电感两端,通过调节两个交流源之间的相移来调节功率流动的大小和方向,所不同的是传统交流电力系统中交流源为工频正弦波,而 DAB 中为高频方波。

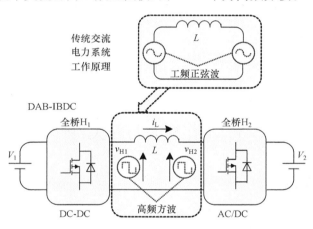

图 2.1　DAB 的基本工作原理

图 2.1 中,L 为图 1.2 中辅助电感 L_1 和变压器漏感之和,V_1 和 V_2 分别为全桥 H_1 和 H_2 的直流端电压,v_{H1} 为全桥 H_1 的交流输出电压,v_{H2} 为全桥 H_2 的交流输出折合到变压器原边侧后的电压,i_L 为电感电流。

2.2　移相控制方法

单移相(single-phase-shift,SPS)控制是 DAB 中最基础和最简单的一种控制方法,也是应用最广泛的,如图 2.2 所示。在 SPS 控制中,各全桥电路中的对角开关管的驱动脉冲相同,相同桥臂开关管的驱动脉冲互补,分别在变压器原边和副边产生占空比为 50% 的方波电压 v_{H1} 和 v_{H2};而在两全桥之间的对应开关管的驱动脉冲存在一移相比 D(或移相时间 DT_{hs}),进而 v_{H1} 和 v_{H2} 之间也存在移相时间 DT_{hs},其中 T_{hs} 为半个开关周期。对于不同功率传输方向,v_{H1} 和 v_{H2} 之间的移相顺序将会颠倒,功率总是从超前相位侧流向滞后相位侧。

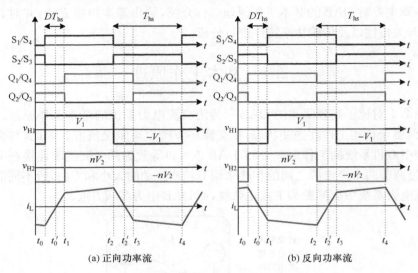

(a) 正向功率流　　　　　　　　　(b) 反向功率流

图 2.2　DAB 的 SPS 控制原理

2.3　工作模式与开关特性

2.3.1　正向功率流

假设变换器已工作于稳定状态,根据图 2.2(a)所示的正向功率流控制原理,DAB 的工作模式可以分为 6 种状态,如图 2.3 所示。V_1 端电压为 V_1,V_2 端电压为 V_2。

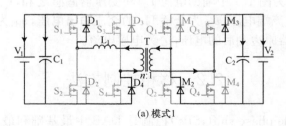

(a) 模式1

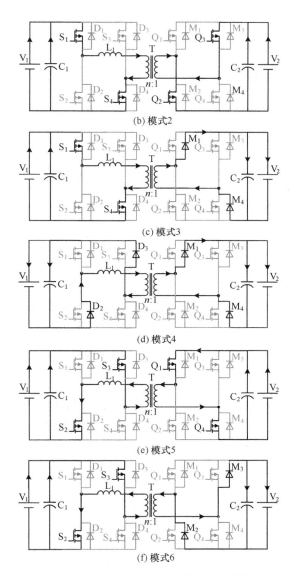

(b) 模式2

(c) 模式3

(d) 模式4

(e) 模式5

(f) 模式6

图 2.3　正向功率流时 DAB 的典型工作模态

1) 模式 $1: t = t_0 \sim t_0'$ 阶段

模式 1 的工作状态如图 2.3(a) 所示，在 t_0 时刻之前，开关管 S_2 和 S_3 导通，电流为负；在 t_0 时刻，开关管 S_2 和 S_3 关断，S_1 和 S_4 导通，由于电流仍为负，所以电流经过 D_1 和 D_4 续流，因此，S_2 和 S_3 硬关断，D_1 和 D_4 硬导通；电感电流可以表示为

$$i_L(t) = i_L(t_0) + \frac{V_1 + nV_2}{L}(t - t_0) \tag{2.1}$$

2) 模式 2：$t = t_0' \sim t_1$ 阶段

模式 2 的工作状态如图 2.3(b)所示，在 t_0' 时刻，电感电流由负变为正，原边侧全桥电流由 D_1、D_4 切换到 S_1、S_4，副边侧全桥电流由 M_2、M_3 切换到 Q_2、Q_3，因此，S_1 和 S_4 零电压开关(ZVS)开通，D_1 和 D_4 零电流开关(ZCS)关断，Q_2 和 Q_3 ZVS 开通，M_2 和 M_3 ZCS 关断；电感电流表达式与模式 1 相同。

3) 模式 3：$t = t_1 \sim t_2$ 阶段

模式 3 的工作状态如图 2.3(c)所示，在 t_1 时刻，开关管 Q_1 和 Q_4 导通，Q_2 和 Q_3 关断，由于电感电流 i_L 为正，原边侧全桥状态不变，副边侧全桥电流由 Q_2、Q_3 切换到 M_1、M_4，因此 Q_2 和 Q_3 硬关断，M_1 和 M_4 硬导通；电感电流可以表示为

$$i_L(t) = i_L(t_1) + \frac{V_1 - nV_2}{L}(t - t_1) \tag{2.2}$$

4) 模式 4：$t = t_2 \sim t_2'$ 阶段

模式 4 的工作状态如图 2.3(d)所示，在 $t = t_2$ 时刻，开关管 S_2 和 S_3 导通，S_1 和 S_4 关断，由于电感电流 i_L 为正，原边侧全桥电流由 S_1、S_4 切换到 D_2、D_3，副边侧全桥状态不变，因此，S_1 和 S_4 硬关断，D_2 和 D_3 硬导通；电感电流可以表示为

$$i_L(t) = i_L(t_2) + \frac{-V_1 - nV_2}{L}(t - t_2) \tag{2.3}$$

5) 模式 5：$t = t_2' \sim t_3$ 阶段

模式 5 的工作状态如图 2.3(e)所示，在 $t = t_2'$ 时刻，电感电流 i_L 由正变为负，原边侧全桥电流由 D_2、D_3 切换到 S_2、S_3，副边侧全桥电流由 M_1、M_4 切换到 Q_1、Q_4，因此，S_2 和 S_3 ZVS 开通，D_2 和 D_3 ZCS 关断，Q_1 和 Q_4 ZVS 开通，M_1 和 M_4 ZCS 关断；电感电流表达式与模式 4 相同。

6) 模式 6：$t = t_3 \sim t_4$ 阶段

在 $t = t_3$ 时刻，开关管 Q_2 和 Q_3 导通，Q_1 和 Q_4 关断，由于电感电流 i_L 为负，原边侧全桥状态不变，副边侧全桥电流由 Q_1、Q_4 切换到 M_2、M_3，因此，Q_1 和 Q_4 硬关断，M_2 和 M_3 硬导通；电感电流可以表示为

$$i_L(t) = i_L(t_3) + \frac{-V_1 + nV_2}{L}(t - t_3) \tag{2.4}$$

根据上述分析，图 2.2(a)所示的工作状态下，DAB 的所有开关管均工作在 ZVS 开通和硬关断状态，所有二极管均工作在硬开通和 ZCS 关断状态。

2.3.2　反向功率流

与正向功率流分析类似，对于图 2.2(b)所示的反向功率流的情况，DAB 的工作模式同样可以分为 6 种状态，如图 2.4 所示。

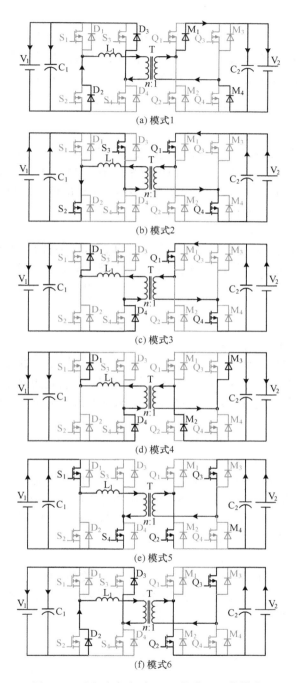

(a) 模式1

(b) 模式2

(c) 模式3

(d) 模式4

(e) 模式5

(f) 模式6

图 2.4　反向功率流时 DAB 的典型工作模态

1) 模式 1：$t = t_0 \sim t_0'$ 阶段

模式 1 的工作状态如图 2.4(a)所示，在 t_0 时刻之前，开关管 Q_2 和 Q_3 导通，电流为正；在 t_0 时刻，开关管 Q_2 和 Q_3 关断，Q_1 和 Q_4 导通，由于电流仍为正，所以电流经过 M_1 和 M_4 续流，因此，Q_2 和 Q_3 硬关断，M_1 和 M_4 硬导通；电感电流可以表示为

$$i_L(t) = i_L(t_0) + \frac{-V_1 - nV_2}{L}(t - t_0) \tag{2.5}$$

2) 模式 2：$t = t_0' \sim t_1$ 阶段

模式 2 的工作状态如图 2.4(b)所示，在 t_0' 时刻，电感电流由正变为负，原边侧全桥电流由 D_2、D_3 切换到 S_2、S_3，副边侧全桥电流由 M_1、M_4 切换到 Q_1、Q_4，因此，S_2 和 S_3 ZVS 开通，D_2 和 D_3 ZCS 关断，Q_1 和 Q_4 ZVS 开通，M_1 和 M_4 ZCS 关断；电感电流表达式与模式 1 相同。

3) 模式 3：$t = t_1 \sim t_2$ 阶段

模式 3 的工作状态如图 2.4(c)所示，在 t_1 时刻，开关管 S_1 和 S_4 导通，S_2 和 S_3 关断，由于电感电流 i_L 为负，原边侧全桥电流由 S_2、S_3 切换到 D_1、D_4，副边侧全桥状态不变，因此 S_2 和 S_3 硬关断，D_1 和 D_4 硬导通；电感电流可以表示为

$$i_L(t) = i_L(t_1) + \frac{V_1 - nV_2}{L}(t - t_1) \tag{2.6}$$

4) 模式 4：$t = t_2 \sim t_2'$ 阶段

模式 4 的工作状态如图 2.4(d)所示，在 $t = t_2$ 时刻，开关管 Q_2 和 Q_3 导通，Q_1 和 Q_4 关断，由于电感电流 i_L 为负，原边侧全桥状态不变，副边侧全桥电流由 Q_1、Q_4 切换到 M_2、M_3，因此，Q_1 和 Q_4 硬关断，M_2 和 M_3 硬导通；电感电流可以表示为

$$i_L(t) = i_L(t_2) + \frac{V_1 + nV_2}{L}(t - t_2) \tag{2.7}$$

5) 模式 5：$t = t_2' \sim t_3$ 阶段

模式 5 的工作状态如图 2.4(e)所示，在 $t = t_2'$ 时刻，电感电流 i_L 由负变为正，原边侧全桥电流由 D_1、D_4 切换到 S_1、S_4，副边侧全桥电流由 M_2、M_3 切换到 Q_2、Q_3，因此，S_1 和 S_4 ZVS 开通，D_1 和 D_4 ZCS 关断，Q_2 和 Q_3 ZVS 开通，M_2 和 M_3 ZCS 关断；电感电流表达式与模式 4 相同。

6) 模式 6：$t = t_3 \sim t_4$ 阶段

在 $t = t_3$ 时刻，开关管 S_2 和 S_3 导通，S_1 和 S_4 关断，由于电感电流 i_L 为正，原边侧全桥电流由 S_1、S_4 切换到 D_2、D_3，副边侧全桥状态不变，因此，S_1 和 S_4 硬关断，D_2 和 D_3 硬导通；电感电流可以表示为

$$i_L(t) = i_L(t_3) + \frac{-V_1 + nV_2}{L}(t - t_3) \tag{2.8}$$

根据上述分析，反向功率流下的 DAB 工作模态与正向功率流保持一致，DAB 的所有开关管仍工作在 ZVS 开通和硬关断状态，所有二极管仍工作在硬开通和 ZCS 关断状态。

2.4　传输功率特性

根据 2.3 节的分析，电感电流 i_L 可以表示为

$$\frac{\mathrm{d}i_\mathrm{L}(t)}{\mathrm{d}t} = \frac{v_\mathrm{H1}(t) - v_\mathrm{H2}(t)}{L} \tag{2.9}$$

设 $t_0 = 0$，则 $t_1 = DT_\mathrm{hs}$，$t_2 = T_\mathrm{hs}$，考虑到稳态下，流过电感的平均电流在一个开关周期内为零，有

$$i_\mathrm{L}(t_2) = -i_\mathrm{L}(t_0) \tag{2.10}$$

结合式（2.1）～式（2.10）及图 2.2，可以得到 DAB 的传输功率为

$$P = \frac{1}{T_\mathrm{hs}}\int_0^{T_\mathrm{hs}} v_\mathrm{H1} i_\mathrm{L}(t)\mathrm{d}t = \frac{nV_1 V_2}{2f_\mathrm{s}L}D(1-D) \tag{2.11}$$

式中，n 为变压器变比；$f_\mathrm{s} = 1/(2T_\mathrm{hs})$ 为开关频率；D 为半个开关周期内的移相比，$0 \leqslant D \leqslant 1$。

由式（2.11）可知，通过调节移相比 D 就可以调节 DAB 功率流动的大小和方向，进而也可以调节变换器输出电压的大小。

图 2.5 给出了 DAB 的传输功率特性。图中采用传输功率的标幺值，基准值取为 $nV_1 V_2/(8f_\mathrm{s}L)$。从图中可以得到关于 DAB 的一些通用性规律：①传输功率与移相比 D 呈正弦关系，并且关于中心轴 $D = 0.5$ 对称。②传输功率的零点和最大点分别在 $D = 0$ 和 $D = 0.5$ 处取得。③当 $D < 0.5$ 时，传输功率随着移相比 D 的增大而增大。当 $D > 0.5$ 时，传输功率随着移相比 D 的增大而减小。④功率流方向改变时，规律类似。这些规律对于 DAB 的功率预测和参数设计具有参考意义。

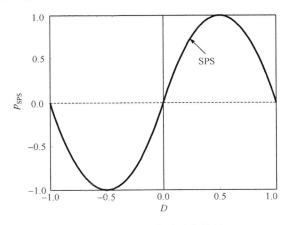

图 2.5　DAB 的传输功率特性

2.5　本 章 小 结

　　本章主要介绍了 DAB 的工作原理,给出了单移相控制方法、工作模式和开关特性,以及传输功率特性分析。根据分析,DAB 具有良好的软开关特性和双向功率传输能力。通过调节移相比就可以调节 DAB 功率流动的大小和方向,进而可以调节变换器输出电压的大小。

第 3 章 双主动全桥变换器的 PWM 移相控制方法

在单移相控制原理的基础上,本章对 DAB 的扩展移相、双移相等先进控制方法进行分析,以提高变换器的表现性能。

3.1 移相控制的功率回流现象

第 2 章介绍了 DAB 的 SPS 控制方法,由于 SPS 控制具有控制惯性小、动态响应快、软开关实现容易等优点,所以它吸引了很多人的目光。但是如图 3.1 所示,由于 v_{H1} 与 v_{H2} 间相移的存在,在功率传输过程中,电感电流与原边侧电压存在相位相反的阶段,如图 3.1(a) 中的 $t_0 \sim t_0'$ 和 $t_2 \sim t_2'$,以及图 3.1(b) 中的 $t_0' \sim t_1$ 和 $t_2' \sim t_3$。在这段时间内,传输功率与总的平均功率极性相反,功率回流到电源中,部分文献中定义此功率为环流或回流功率。在传输功率一定时,较大的回流功率将导致较大的正向传输功率量,进而产生较大的环流和电流应力,这也增大了功率器件、磁性元件的损耗,降低了变换器效率。这种现象在端电压与变压器变比不匹配时尤其严重[90]。

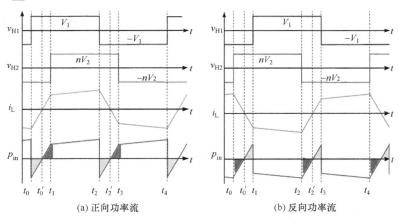

图 3.1 DAB 的功率回流现象

3.2 扩展移相控制方法

3.2.1 控制原理

为了改进 SPS 控制的性能,本节提出一种扩展移相(extended-phase-shift,

EPS)控制方法,如图 3.2 所示。在 EPS 控制中,一侧全桥的工作状态与 SPS 控制相同,其交流侧输出电压为两电平方波;另一侧全桥中不同桥臂对应的开关管驱动脉冲之间存在移相时间 $D_1 T_{hs}$,其交流侧输出电压为三电平波。如图 3.2(a)所示,将 SPS 控制中的 $t_0 \sim t_0'$ 及 $t_2 \sim t_2'$ 阶段分别拆分为 EPS 控制中的 $t_0 \sim t_1$、$t_1 \sim t_1'$ 及 $t_3 \sim t_4$、$t_4 \sim t_4'$ 阶段,而在 $t_0 \sim t_1$ 及 $t_3 \sim t_4$ 时间段内,变压器原边电压为 0,即回流功率为 0,进而减小了回流功率,在传输功率一定时,具有更小的电流应力及通态损耗,提高了效率。

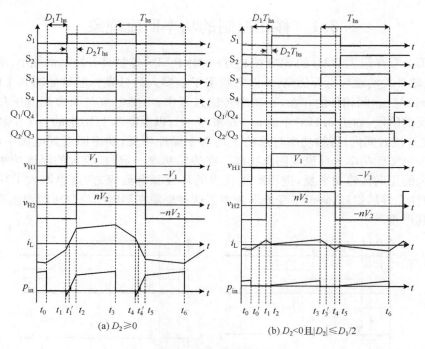

(a) $D_2 \geqslant 0$　　　　　　(b) $D_2 < 0$ 且 $|D_2| \leqslant D_1/2$

图 3.2　EPS 控制原理

　　图 3.2 中主要给出的是正向功率流时的工作波形,它与 SPS 控制类似,反向功率流时的工作状态基本相同。

3.2.2　工作模式与开关特性

　　本节主要给出如图 3.2(a)所示工作状态的开关特性分析,其他情况可以类似分析。假设变换器已工作于稳定状态,根据图 3.2 所示的 EPS 控制波形,一个开关周期内可将变换器工作模式分为 8 种状态,如图 3.3 所示。

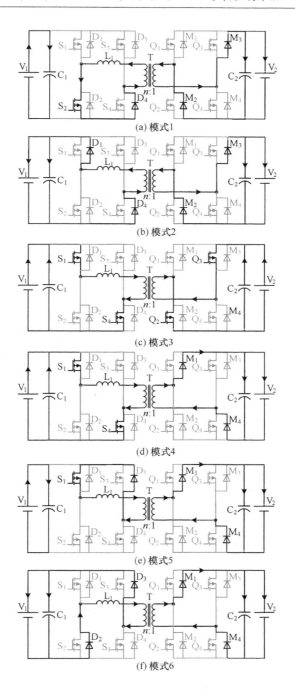

(a) 模式 1

(b) 模式 2

(c) 模式 3

(d) 模式 4

(e) 模式 5

(f) 模式 6

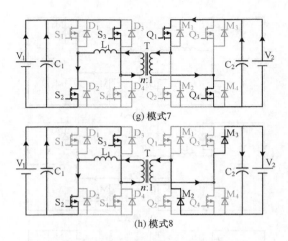

图 3.3　EPS 控制的典型工作模式

1) 模式 1：$t = t_0 \sim t_1$ 阶段

模式 1 的工作状态如图 3.3(a)所示。在 t_0 时刻之前，开关管 S_2、S_3 导通，电流为负；在 t_0 时刻，开关管 S_3 关断，S_4 导通，由于电流仍为负，所以电流经过 D_4 和 S_2 续流，S_3 硬关断，D_4 硬导通；V_2 侧全桥通过 M_2 及 M_3 给 V_2 供电，电流逐渐减小。L_1 的电流可以表示为

$$i_L(t) = i_L(t_0) + \frac{nV_2}{L}(t - t_0) \tag{3.1}$$

2) 模式 2：$t = t_1 \sim t_1'$ 阶段

模式 2 的工作状态如图 3.3(b)所示。若在 t_1 时刻电感电流仍小于 0；在 t_1 时刻，开关管 S_2 关断，S_1 导通，电流变换为经过 D_1 和 D_4 续流，S_2 硬关断，D_1 硬导通；V_2 侧全桥状态与模式 1 相同，电感同时给 V_1 和 V_2 侧放电，直到 t_1' 时刻电流降为 0。L_1 的电流可以表示为

$$i_L(t) = i_L(t_1) + \frac{V_1 + nV_2}{L}(t - t_1) \tag{3.2}$$

3) 模式 3：$t = t_1' \sim t_2$ 阶段

模式 3 的工作状态如图 3.3(c)所示。在 t_1' 时刻电感电流由负变正；开关管 S_1、S_4、Q_2 及 Q_3 ZVS 导通，二极管 D_1、D_4、M_2 及 M_3 ZCS 关断，L_1 的电流表达式与式(3.2)相同。

4) 模式 4：$t = t_2 \sim t_3$ 阶段

模式 4 的工作状态如图 3.3(d)所示。在 t_2 时刻，开关管 Q_2 和 Q_3 关断，Q_1 和 Q_4 导通，V_2 侧全桥经过 M_1 和 M_4 给 V_2 侧供电。因此，开关管 Q_2 和 Q_3 硬关断，

Q_1 和 Q_4 ZVS 导通；由于 $V_1 \geqslant nV_2$，电感电流继续增大。L_1 的电流可以表示为

$$i_L(t) = i_L(t_2) + \frac{V_1 - nV_2}{L}(t - t_2) \tag{3.3}$$

5）模式 5：$t = t_3 \sim t_4$ 阶段

模式 5 的工作状态如图 3.3(e) 所示。在 t_3 时刻，开关管 S_4 关断，S_3 导通，V_1 全桥变换为经过 D_3 和 S_1 续流，S_4 硬关断，D_3 硬导通；V_2 侧全桥经过 M_1 和 M_4 给 V_2 侧供电，电流逐渐减小。L_1 的电流可以表示为

$$i_L(t) = i_L(t_3) + \frac{-nV_2}{L}(t - t_3) \tag{3.4}$$

6）模式 6：$t = t_4 \sim t_4'$ 阶段

模式 6 的工作状态如图 3.3(f) 所示。若在 t_4 时刻电感电流仍大于 0；在 t_4 时刻，开关管 S_1 关断，S_2 导通，电流变换为经过 D_2 和 D_3 续流，因此 S_1 硬关断，D_2 硬导通；V_2 侧全桥状态与模式 1 相同，电感同时给 V_1 和 V_2 侧放电，直到 t_4' 时刻电流降为 0。L_1 的电流可以表示为

$$i_L(t) = i_L(t_4) + \frac{-V_1 - nV_2}{L}(t - t_4) \tag{3.5}$$

7）模式 7：$t = t_4' \sim t_5$ 阶段

模式 7 的工作状态如图 3.3(g) 所示。在 t_4' 时刻电感电流由正变负；开关管 S_2、S_3、Q_1 及 Q_4 ZVS 导通，二极管 D_2、D_3、M_1 及 M_4 ZCS 关断，V_1 和 V_2 侧同时给电感充电，电感电流迅速增大。L_1 的电流表达式与式(3.5) 相同。

8）模式 8：$t = t_5 \sim t_6$ 阶段

模式 8 的工作状态如图 3.3(h) 所示。在 t_5 时刻，开关管 Q_1 和 Q_4 关断，Q_2 和 Q_3 导通，V_2 侧全桥经过 M_2 和 M_3 给 V_2 侧供电，因此 Q_1 和 Q_4 硬关断，M_2 和 M_3 硬导通；由于 $V_1 \geqslant nV_2$，电感电流继续增大。L_1 的电流可以表示为

$$i_L(t) = i_L(t_5) + \frac{-V_1 + nV_2}{L}(t - t_5) \tag{3.6}$$

从上述分析可以看出，$t = t_0 \sim t_1$ 和 $t = t_3 \sim t_4$ 阶段，变压器原边电压为 0，功率并没有回流到 V_1 侧，这使得回流功率减少。事实上，若 t_1 和 t_4 时刻前电感电流已经降为 0，则回流功率就被消除。另外，从上述分析中可以看出，与 SPS 控制类似，所有开关管的导通行为均为 ZVS 开通，而关断行为则为硬关断，所有二极管的导通行为均为硬开通，而关断行为则为 ZCS 关断。事实上，在轻载状态下，DAB 端电压与变压器变比存在不匹配时，DAB 的软开关行为会发生变化，具体在第 5 章中分析。

3.2.3　传输功率特性

这里主要以图 3.2(a)所示的工作状态进行分析,并且假定 $k \geqslant 1$。定义 D_1 为内移相比,D_2 为外移相比,其中,$0 \leqslant D_1 \leqslant 1$,$0 \leqslant D_2 \leqslant 1$ 且 $0 \leqslant D_1 + D_2 \leqslant 1$。同 2.1节的计算,可以推导出 EPS 控制下的传输功率和回流功率模型分别为

$$P_{\text{EPS}} = \frac{1}{T_{\text{hs}}} \int_0^{T_{\text{hs}}} v_{\text{H1}} i_{\text{L}}(t) \, \mathrm{d}t = \frac{nV_1V_2}{2f_sL} \left[D_2(1-D_2) + \frac{1}{2}D_1(1-D_1-2D_2) \right] \tag{3.7}$$

$$P_{\text{EPS\_bf}} = \frac{1}{T_{\text{hs}}} \int_{t_1}^{t_1'} v_{\text{H1}} \, | \, i_{\text{L}}(t) \, | \, \mathrm{d}t = \frac{nV_1V_2 \left[k(1-D_1) + (2D_2-1) \right]^2}{16f_sL(k+1)} \tag{3.8}$$

其中,$i_{\text{L}}(t_1) < 0$,即 $k > (1-2D_2)/(1-D_1)$;当 $k \leqslant (1-2D_2)/(1-D_1)$ 时,$P_{\text{EPS\_bf}} = 0$。

本章中定义 DAB 的电流应力为电感电流的最大值,当 $k \geqslant 1$ 时,有

$$i_{\text{EPS\_max}} = \max \{ \, | \, i_{\text{L}}(t_0) \, | \, , | \, i_{\text{L}}(t_1) \, | \, , | \, i_{\text{L}}(t_2) \, | \, \} = \frac{nV_2}{4f_sL} \left[k(1-D_1) + (2D_1+2D_2-1) \right] \tag{3.9}$$

对于 SPS 控制,可以推导出电流应力和回流功率分别为

$$\begin{cases} i_{\text{SPS\_max}} = \dfrac{nV_2}{4f_sL}(2D-1+k) \\[2mm] P_{\text{SPS\_bf}} = \dfrac{nV_1V_2 \left[k+(2D-1) \right]^2}{16f_sL(k+1)} \end{cases} \tag{3.10}$$

为了分析方便,将传输功率标幺化,取 SPS 控制下的最大传输功率 $nV_1V_2/(8f_sL)$ 为基准值,标幺值设为 p_{SPS} 和 p_{EPS}。当 EPS 控制的外移相比 D_2 与 SPS 控制的移相比 D 相等时,可以得到传输功率随 D_1 和 D_2 的变化曲线,如图 3.4 所示。

图 3.4(b)中阴影区给出了 EPS 控制下传输功率的调节区域,加粗曲线给出了 SPS 控制下传输功率的调节曲线。从图中可知,内移相比 D_1 的加入使得传输功率的调节范围由单纯的曲线变为区域,调节范围扩大,灵活性增强。

另外,根据式(3.7),当 $0 \leqslant D_2 < 0.5$ 时,可得

$$\begin{cases} P_{\text{EPS\_max}} = \dfrac{nV_1V_2}{8f_sL} \left[1 - \dfrac{(1-2D_2)^2}{2} \right], & D_1 = \dfrac{1-2D_2}{2} \\[3mm] P_{\text{EPS\_min}} = \dfrac{nV_1V_2}{8f_sL} \left[2D_2(1-D_2) \right], & D_1 = 1-D_2 \end{cases} \tag{3.11}$$

当 $0.5 \leqslant D_2 < 1$,可得

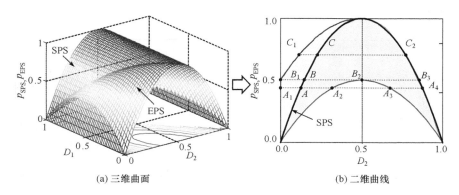

(a) 三维曲面 　　　　　　　　(b) 二维曲线

图 3.4　SPS 控制和 EPS 控制的传输功率特性对比

$$\begin{cases} P_{\text{EPS\_max}} = \dfrac{nV_1V_2}{8f_sL}\big[4D_2(1-D_2)\big], & D_1=0 \\[3mm] P_{\text{EPS\_min}} = \dfrac{nV_1V_2}{8f_sL}\big[2D_2(1-D_2)\big], & D_1=1-D_2 \end{cases} \tag{3.12}$$

从式(3.11)、式(3.12)及图 3.4 可知,从全局范围来看,两种控制方式下的最大传输功率能力相同。但是当 $0 \leqslant D_2 < 0.5$ 时,由于内移相比的加入,EPS 控制可以达到更大的功率传输。

3.2.4　回流功率特性

对回流功率进行比较分析的前提条件是两种控制方式下的传输功率相同。从图 3.4(b)中可以看出,对于 SPS 控制下的特定传输功率,EPS 控制可选取不同的运行点使其相等。考虑到 EPS 控制在不同区域运行情况下回流功率可能存在的不同特性,这里分别选取功率运行点 A、B 和 C 作为 SPS 控制下不同区域运行的特征点,那么与其传输功率相等的 EPS 控制下的特征点分别选取 $A_1/A_2/A_3$、B_1/B_2 以及 C_1。A、B 和 C 点的移相比分别为 $A(D=1/8)$,$B(D=(2-2^{1/2})/4)$,$C(D=1/4)$;根据式(2.10)~式(2.15)可以得到:$A_1(D_2=0,D_1=(4+2^{1/2})/8)$,$A_1'(D_2=0,D_1=(4-2^{1/2})/8)$,$A_2(D_2=(4-2^{1/2})/8,D_1=(4+2^{1/2})/8)$,$A_3(D_2=(4+2^{1/2})/8,D_1=(4-2^{1/2})/8)$,$B_1(D_2=0,D_1=1/2)$,$B_2(D_2=1/2,D_1=1/2)$,$C_1(D_2=(2-2^{1/2})/4,D_1=2^{1/2}/4)$。

为了分析方便,与传输功率的分析类似,同样将回流功率标幺化,标幺值设为 $p_{\text{SPS\_bf}}$ 和 $p_{\text{EPS\_bf}}$。图 3.5 给出了 SPS 控制和 EPS 控制的回流功率特性对比。从图中可以看出,在各种运行区域,回流功率均随着电压变换比的增大而增大;但是在相同的传输功率下,EPS 控制能够选择不同的运行点始终保证比 SPS 控制的回流功率要小,进而减小了变换器的功率环流。

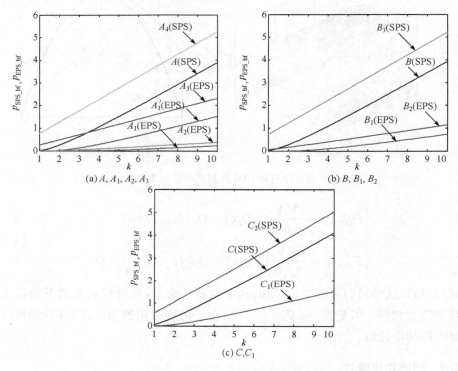

图 3.5　SPS 控制和 EPS 控制的回流功率特性对比

3.2.5　电流应力特性

对电流应力进行比较分析的前提条件仍然是两种控制方式下的传输功率相同。与回流功率的分析类似,同样选取 A、B、C 作为特征点,并将电流应力标幺化,取 $nV_2/(8f_sL)$ 为基准值,标幺值设为 G_{SPS} 和 G_{EPS}。图 3.6 给出了 SPS 控制和

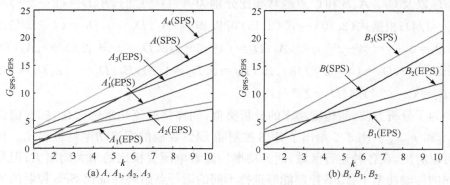

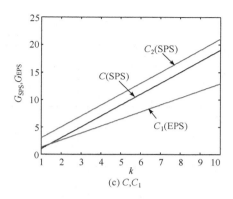

(c) C, C_1

图 3.6　SPS 控制和 EPS 控制的电流应力特性对比

EPS 控制的电流应力特性对比。从图中可以看出,在各种运行区域,电流应力均随着电压变换比的增大而增大;在相同的传输功率下,EPS 控制能够选择不同的运行点始终保证比 SPS 控制的电流应力要小。

3.3　双移相控制方法

双移相(dual-phase-shift,DPS)控制也是 DAB 的一种典型优化控制方法,如图 3.7 所示。相比 EPS 控制,在 DPS 控制中,原副边全桥中均存在内移相比,并且两个内移相比相同,因此在 HFI 变压器两侧的交流电压均为三电平波。与 EPS 控制减少回流功率的思路类似,DPS 控制也是通过减少回流功率进而减小电流应力和提高效率的。在 DAB 端电压与变压器变比匹配时,所有开关管的导通行为也均为 ZVS 开通,而关断行为则为硬关断;所有二极管的导通行为均为硬开通,而关断行为则为 ZCS 关断。

本节仅给出传输功率特性分析,对于回流功率、电流应力等特性可以根据 3.2 节的方法进行类似分析。

在 DPS 控制中,同样定义 D_1 为内移相比,D_2 为外移相比,其中,$0 \leqslant D_1 \leqslant 1$,$0 \leqslant D_2 \leqslant 1$。同 3.2 节的分析,电感电流 i_L 可以表示为

$$\frac{\mathrm{d} i_L(t)}{\mathrm{d} t} = \frac{v_{H1}(t) - v_{H2}(t)}{L} \tag{3.13}$$

设 $t_0 = t_0' = 0$,有 $t_1 = D_1 T_{hs}$,$t_2 = D_2 T_{hs}$,$t_3 = (D_1 + D_2) T_{hs}$,$t_4 = T_{hs}$,$t_1' = D_2 T_{hs}$,$t_2' = D_1 T_{hs}$,$t_3' = (D_1 + D_2) T_{hs}$,$t_4' = T_{hs}$。考虑到稳态下,流过电感的平均电流在一个开关周期为零,可以得到 DPS 控制在半个周期的峰值电流如表 3.1 所示。

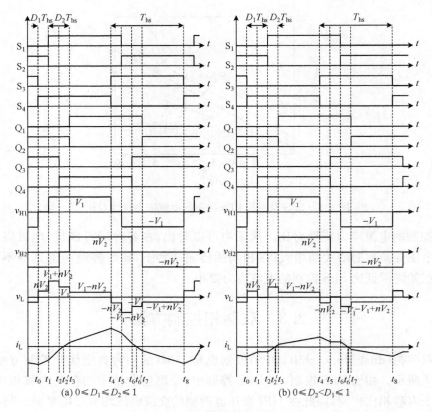

图 3.7　DPS 控制方法

表 3.1　DPS 控制在半个周期的峰值电流

0≤D_1≤D_2≤1(DPS)		0≤D_2<D_1≤1(DPS)	
i_L	取值	i_L	取值
$i_L(t_0)$	$-\dfrac{nV_2}{4f_sL}[k(1-D_1)+D_1+2D_2-1]$	$i_L(t_0')$	$-\dfrac{nV_2}{4f_sL}[k(1-D_1)+D_1+2D_2-1]$
$i_L(t_1)$	$-\dfrac{nV_2}{4f_sL}[k(1-D_1)+2D_2-D_1-1]$	$i_L(t_1')$	$-\dfrac{nV_2}{4f_sL}[k(1-D_1)+D_1-1]$
$i_L(t_2)$	$-\dfrac{nV_2}{4f_sL}[k(D_1-2D_2+1)+D_1-1]$	$i_L(t_2')$	$-\dfrac{nV_2}{4f_sL}[k(1-D_1)+D_1-1]$
$i_L(t_3)$	$-\dfrac{nV_2}{4f_sL}[k(-D_1-2D_2+1)+D_1-1]$	$i_L(t_3')$	$-\dfrac{nV_2}{4f_sL}[k(-D_1-2D_2+1)+D_1-1]$

　　同样将传输功率标幺化,取 $nV_1V_2/(8f_sL)$ 为基准值,标幺值设为 p_{DPS}。根据表 3.1,可以推导出 DPS 控制下的传输功率模型为

$$p_{\mathrm{DPS}} = \frac{\dfrac{1}{T_{\mathrm{hs}}} \displaystyle\int_0^{T_{\mathrm{hs}}} v_{\mathrm{H1}} i_{\mathrm{L}}(t)\,\mathrm{d}t}{\dfrac{nV_1V_2}{8f_sL}} = \begin{cases} 4D_2(1-D_2) - 2D_1^2, & 0 \leqslant D_1 \leqslant D_2 \leqslant 1 \\ 4D_2\left(1-D_1-\dfrac{1}{2}D_2\right), & 0 \leqslant D_2 < D_1 \leqslant 1 \end{cases}$$

$$(3.14)$$

当 DPS 控制的外移相比 D_2 与 SPS 控制的移相比 D 相等时,可以得到传输功率随 D_1 和 D_2 的变化曲线如图 3.8 所示。

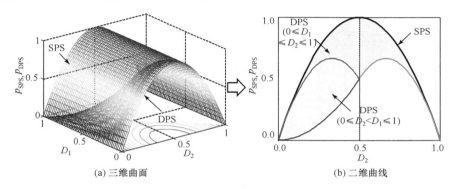

(a) 三维曲面　　　　　　　　　　　　　(b) 二维曲线

图 3.8　SPS 控制和 DPS 控制的传输功率特性对比

图 3.8(b) 中阴影区给出了 DPS 控制下传输功率的调节区域,加粗曲线给出了 SPS 控制下传输功率的调节曲线。从图中可知,内移相比 D_1 的加入使得传输功率的调节范围由单纯的曲线变为区域,调节范围扩大,灵活性增强。

事实上,根据式(3.14),当 $0 \leqslant D_2 < 0.5$,可得

$$p_{\mathrm{DPS\_max}} = \begin{cases} 4D_2(1-D_2), & D_1 = 0 \\ 2D_2(2-3D_2), & D_1 = D_2 \end{cases} \tag{3.15}$$

$$p_{\mathrm{DPS\_min}} = \begin{cases} 2D_2(2-3D_2), & D_1 = D_2 \\ 2D_2^2, & D_1 = 1-D_2 \end{cases} \tag{3.16}$$

当 $0.5 \leqslant D_2 < 1$,可得

$$p_{\mathrm{DPS\_max}} = \begin{cases} 4D_2(1-D_2), & D_1 = 0 \\ -\!\!- & 0 \leqslant D_2 < D_1 \leqslant 1 \end{cases} \tag{3.17}$$

$$p_{\mathrm{DPS\_min}} = \begin{cases} 2(1-D_2)(3D_2-1), & D_1 = 1-D_2 \\ -\!\!- & 0 \leqslant D_2 < D_1 \leqslant 1 \end{cases} \tag{3.18}$$

从式(3.15)~式(3.18)及图 3.8 可知,从全局范围来看,SPS 控制、EPS 控制和 DPS 控制的最大传输功率能力是相同的。但相比 EPS 控制,当外移相比相同且 $0 \leqslant D_2 < 0.5$ 时,DPS 控制的传输功率最大值要小。

3.4　移相控制的优化开关策略

根据上述分析可知,对于 SPS 控制的特定传输功率,EPS 和 DPS 均可以找到无穷多个 $(D_1、D_2)$ 或 $(D_1、D_2、D_3)$ 的组合使其相等,而不同的组合会导致电流应力、效率等的不同特性。因此,如何选择最优的组合使 DAB 达到最优的表现性能成为一个问题。本节主要以 DPS 控制的电流应力优化为例,给出移相控制优化开关策略的一种思路。

3.4.1　电流应力最优开关模型

电流应力取决于电感电流的最大值,同样以 $k \geqslant 1$ 为例进行分析,取 $nV_2/(8f_sL)$ 为基准值,标幺值设为 G_{DPS}。根据表 3.1 可以得到电流应力为

$$G_{DPS} = \frac{i_{DPS\_max}8f_sL}{nV_2} = 2\left[(k-1)(1-D_1)+2D_2\right] \tag{3.19}$$

对于给定的传输功率 p_0,结合式(3.14),可得

$$D_1 = \begin{cases} D_1' = \sqrt{\dfrac{4D_2(1-D_2)-p_0}{2}}, & 0 \leqslant D_1 \leqslant D_2 \leqslant 1 \\[3mm] D_1'' = \dfrac{4D_2-2D_2^2-p_0}{4D_2}, & 0 \leqslant D_2 < D_1 \leqslant 1 \end{cases} \tag{3.20}$$

结合式(3.19)与式(3.20),可得

$$G_{DPS} = \begin{cases} G_{DPS1} = 2(k-1)\left[1-\sqrt{\dfrac{4D_2(1-D_2)-p_0}{2}}\right]+4D_2, & 0 \leqslant D_1 \leqslant D_2 \leqslant 1 \\[4mm] G_{DPS2} = (k-1)\dfrac{2D_2^2+p_0}{2D_2}+4D_2, & 0 \leqslant D_2 < D_1 \leqslant 1 \end{cases} \tag{3.21}$$

对式(3.21)求导,可得

$$\begin{cases} \dfrac{dG_{DPS1}}{dD_2} < 0, & 0 \leqslant D_2 < \dfrac{1}{2}-\sqrt{\dfrac{1-p_0}{2[(k-1)^2+2]}} \\[4mm] \dfrac{dG_{DPS1}}{dD_2} \geqslant 0, & \dfrac{1}{2}-\sqrt{\dfrac{1-p_0}{2[(k-1)^2+2]}} \leqslant D_2 \leqslant \dfrac{1}{2} \\[4mm] \dfrac{dG_{DPS2}}{dD_2} < 0, & 0 \leqslant D_2 < \sqrt{\dfrac{(k-1)p_0}{2(k+3)}} \\[4mm] \dfrac{dG_{DPS2}}{dD_2} \geqslant 0, & \sqrt{\dfrac{(k-1)p_0}{2(k+3)}} \leqslant D_2 \leqslant \dfrac{1}{2} \end{cases} \tag{3.22}$$

根据式(3.20)和式(3.22),可以得到电流应力 G_{DPS1} 和 G_{DPS2} 的最小值 G_{1_min} 和 G_{2_min} 以及全局最小值 G_{DPS_min} 如表 3.2 所示,其中

$$\begin{cases} G_A = 2k - 2\sqrt{\dfrac{(1-p_0)\big[(k-1)^2+2\big]}{2}}, & G_B = \dfrac{4k}{3} + \dfrac{(k-3)\sqrt{4-6p_0}}{3} \\ G_C = \dfrac{4k}{3} - \dfrac{(k-3)\sqrt{4-6p_0}}{3}, & G_D = 2\sqrt{\dfrac{(k-1)(k+3)p_0}{2}} \end{cases} \quad (3.23)$$

表 3.2　DPS 控制电流应力的最小值

k	$0 \leqslant p_0 < 1/2$		$1/2 \leqslant p_0 < 2/3$		$2/3 \leqslant p_0 \leqslant 1$	
	G_{1_min}/G_{2_min}	G_{DPS_min}	G_{1_min}/G_{2_min}	G_{DPS_min}	G_{1_min}/G_{2_min}	G_{DPS_min}
$1 \leqslant k < 3/(1+\sqrt{4-6p_0})$	G_A/G_B	G_A	G_A/G_B	G_A	$G_A/-$	G_A
$3/(1+\sqrt{4-6p_0}) \leqslant k < 3$	G_B/G_D	G_D	G_B/G_D	G_D	$-/-$	$-$
$3 \leqslant k < 3/(1-\sqrt{4-6p_0})$	G_B/G_D	G_D	G_C/G_D	G_D	$-/-$	$-$
$3/(1-\sqrt{4-6p_0}) \leqslant k$	$-/-$	$-$	G_A/G_C	G_A	$-/-$	$-$

与电流应力最小值对应的(D_{1min}、D_{2min})组合如表 3.3 所示。如此,对于给定的传输功率 p_0 和电压变换比 k,根据表 3.2 和表 3.3 可得对应的电流应力最优运行点。

表 3.3　DPS 控制电流应力最优开关模型

$G_{1\_min}/G_{2\_min}/G_{DPS\_min}$	D_{1min}	D_{2min}
G_A	$(k-1)\sqrt{\dfrac{(1-p_0)}{2\big[(k-1)^2+2\big]}}$	$\dfrac{1}{2} - \sqrt{\dfrac{(1-p_0)}{2\big[(k-1)^2+2\big]}}$
G_B	$\dfrac{2-\sqrt{4-6p_0}}{6}$	$\dfrac{2-\sqrt{4-6p_0}}{6}$
G_C	$\dfrac{2+\sqrt{4-6p_0}}{6}$	$\dfrac{2+\sqrt{4-6p_0}}{6}$
G_D	$1-\sqrt{\dfrac{(k-1)p_0}{2(k+3)}} - \dfrac{2p_0}{\sqrt{2(k-1)(k+3)p_0}}$	$\sqrt{\dfrac{(k-1)p_0}{2(k+3)}}$

图 3.9 给出了 DPS 控制下的最优电流应力与 SPS 控制的对比曲线。从图中可知,对于相同的传输功率 p_0,DPS 控制和 SPS 控制的电流应力均随着电压变换

比 k 的增大而增大；同样，对于相同的电压变换比 k，电流应力也均随着传输功率 p_0 的增大而增大；当 $k=1$ 时，DPS 控制的最优电流应力与 SPS 控制相等；当 $k>1$ 时，DPS 控制的最优电流应力始终小于 SPS 控制，且这种差距随着传输功率的减小和电压变换比的增大而增大。换句话说，相比 SPS 控制，DPS 控制的优化开关策略可以有效减小电流应力，这种效果在较大电压变换比和轻载状态下尤其明显。

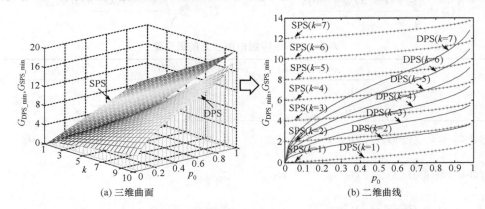

(a) 三维曲面   (b) 二维曲线

图 3.9   DPS 控制下的最优电流应力与 SPS 控制的对比曲线

3.4.2   电流应力最优控制模型

图 3.10 给出了电流应力最优开关策略的一种控制模型。图中，QDPS 定义为准 DPS(quasi-dual-phase-shift，QDPS)控制模式。在 QDPS 模式中，内移相比 D_1 被给定为恒定值 D_1^*，而 D_2 由 PI 控制器根据电压或功率控制计算得到。事实上，若设 $D_1^*=0$，则 QDPS 模式转变为传统 SPS 模式。ODPS 定义为优化 DPS(optimal-dual-phase-shift，ODPS)控制模式。该模式中，内移相比 D_1 由电流应力最优开关模型计算得到，而 D_2 由 PI 控制器根据电压或功率控制计算得到。为了达到控制目标，该模式下的控制系统主要由传输功率计算模块、电压变换比计算模块、最优电流应力控制模块以及 PI 控制模块组成。

在此方案中，以外移相比作为电压和功率传输的控制量，根据 PI 控制反馈计算得到，以满足变换器额定运行需求；而以内移相比作为电流应力的优化量，根据最优开关模型计算得到，如此达到变换器的优化运行。

3.4.3   优化开关策略的扩展

上述主要以 DPS 控制的电流应力特性为例对 DAB 的优化开关策略进行了探讨，而此策略也容易扩展至效率特性及 EPS 控制等的优化中。针对效率特性的优化开关策略，需要对损耗和效率特性进行数学建模，而效率建模较难像电流应力一

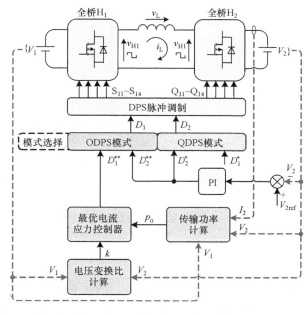

图 3.10　DPS 控制的电流应力最优开关控制方案

样建立精确模型,所以通常可根据特定的实验样机进行优化,或者采用电流应力等关联特性进行优化分析。这里不再对其进行详细建模分析,直接给出一些结论。

如图 3.11(a)给出了 DPS 控制下的最优效率与 SPS 控制的对比曲线,图 3.11 (b)给出了最优效率开关模型。从图中可得与电流应力类似的结论,相比 SPS 控制, DPS 控制的优化开关策略可以有效减小效率,这种效果在较大电压变换比和轻载状态下尤其明显[91]。由于效率特性模型复杂,最优效率开关模型只能借助 MATLAB 等数学软件进行求解,在实际样机中也只能通过查表法进行优化,实用性较差。

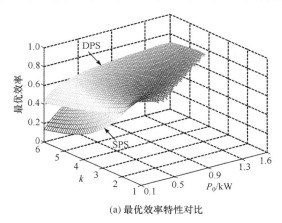

(a) 最优效率特性对比

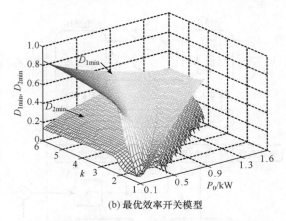

(b) 最优效率开关模型

图 3.11　DPS 控制下的最优效率开关策略

3.5　实　验　研　究

为了验证 DAB 的基本工作原理,以及 SPS、EPS 和 DPS 控制方法,本节搭建了 DAB 的原理样机,输入和输出直流电压变换范围分别设为 $0\sim400\mathrm{V}$ 和 $0\sim200\mathrm{V}$,功率等级 2kW,开关频率 10kHz。

3.5.1　扩展移相控制实验

本节主要对 EPS 控制进行实验分析和验证,变压器变比 $n=2$。

1) 传输功率特性实验

为了验证 EPS 的功率调节能力,DAB 的输入电压 V_1 控制为 220V,输出端接恒定电阻负载,阻值为 6Ω。图 3.12 给出了传输功率随内外移相比 D_1 和 D_2 的变

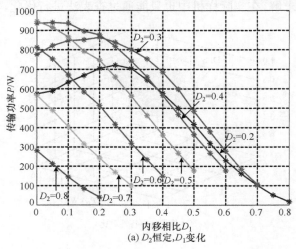

(a) D_2 恒定,D_1 变化

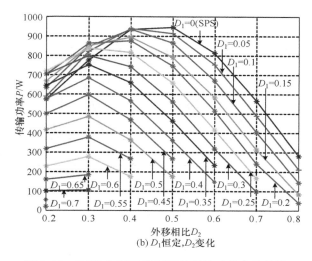

图 3.12　DAB 在 EPS 控制下的传输功率实验结果

化曲线。从图中可以看出,在 EPS 控制中,调节 D_1 和 D_2 均可以改变传输功率,由于内移相比的加入,传输功率由 SPS 控制的曲线变化为二维平面,提高了功率调节的灵活性;当外移相比 $D_2 = D < 0.5$ 时,相比 SPS 控制,EPS 控制可以达到更大的传输功率;另外,EPS 控制中有很多个不同的 (D_1, D_2) 组合使得 DAB 具有相同的传输功率,传输功率的最大值和最小值分别在 $D_1 + D_2 = 0.5$ 和 $D_1 + D_2 = 1$ 处取得,这与 3.2 节中的理论分析一致。

2) 回流功率特性实验

为了验证 EPS 控制的回流功率特性,闭环控制输入和输出电压分别为 220V 和 48V,输出端依旧接 6Ω 电阻以保证传输功率恒定。图 3.13(a) 给出了不同状态下的传输功率瞬时波形。调节输入电压 V_1 变化,图 3.13(b) 给出了回流功率随 V_1 和 D_1 的变化曲线。从图中可以看出,回流功率随着内移相比 D_1 和输入电压的变化而变化;在不同的状态下,EPS 控制始终可以产生比 SPS 控制更小的回流功率;且随着电压变换比的增大,EPS 控制减小回流功率的效果更明显。

3) 电流应力特性实验

图 3.14 给出了在相同传输功率下 SPS 和 EPS 控制的实验波形。从图中可以看出,由于内移相比的加入,EPS 控制可以产生比 SPS 控制更小的电流应力。

图 3.15 分别给出了电流应力和效率随 V_1 和 D_1 的变化曲线。从图中可以看出,电流应力和效率均随着内移相比 D_1 和输入电压的变化而变化;在不同的状态下,EPS 控制始终可以产生比 SPS 控制更小的电流应力和更高的效率;且随着电压变换比的增大,EPS 控制减小电流应力和提高效率的效果更加明显。

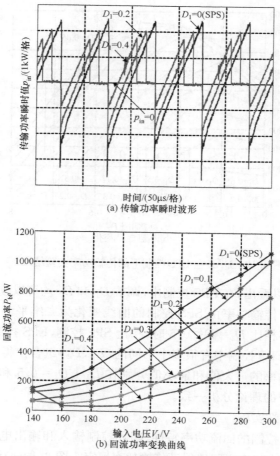

(a) 传输功率瞬时波形

(b) 回流功率变换曲线

图 3.13　DAB 在 EPS 控制下的回流功率实验结果

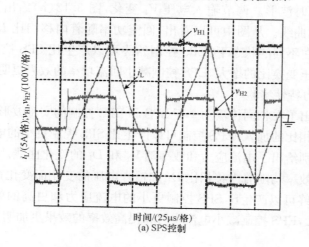

(a) SPS控制

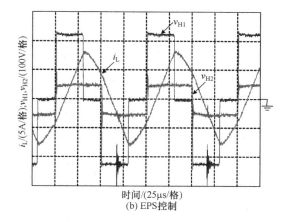

时间/(25μs/格)
(b) EPS控制

图 3.14　相同传输功率下 SPS 和 EPS 控制的实验波形

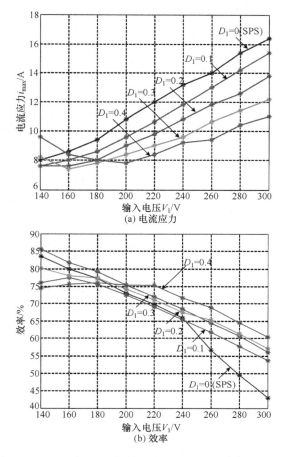

(a) 电流应力

(b) 效率

图 3.15　DAB 在 EPS 控制下的电流应力和效率实验结果

3.5.2　双移相控制实验

在 3.3 节中,主要对 DPS 控制的传输功率特性进行了分析,本节主要对上述理论分析进行验证。

图 3.16 给出了传输功率随内外移相比 D_1 和 D_2 的变化曲线。从图中可以看出,在 DPS 控制中,调节 D_1 和 D_2 均可以改变传输功率;对于指定的内移相比 $D_1 \leqslant D_2$,DAB 在 D_2 和 $1-D_2$ 处取得相同的传输功率;当 $0 \leqslant D_1 \leqslant D_2 \leqslant 1$ 时,

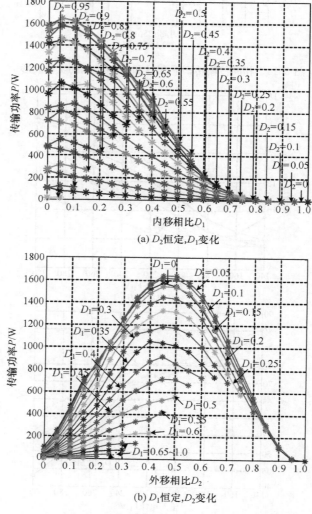

(a) D_2 恒定,D_1 变化

(b) D_1 恒定,D_2 变化

图 3.16　DAB 在 DPS 控制下的传输功率实验结果

传输功率的最大和最小值分别在 $D_1=0$ 和 $D_1=D_2$ 处取得;当 $0 \leqslant D_2 < D_1 \leqslant 1$ 时,传输功率的最大和最小值分别在 $D_1=D_2$ 和 $D_1=1-D_2$ 处取得;由于内移相比的加入,传输功率由 SPS 控制的曲线变化为了二维平面,提高了功率调节的灵活性,但是从全局范围来看,DPS 和 SPS 控制的最大传输功率能力是相同的。

　　图 3.17 给出了 DPS 控制传输功率特性的理论和实验对比结果。从图中可以看出,在全部范围内,实验和理论值基本保持一致。

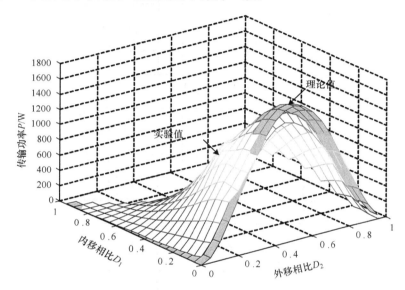

图 3.17　DPS 控制传输功率特性的理论和实验结果对比

3.5.3　优化开关策略实验

　　本节主要针对 3.4 节中提出的电流应力优化开关策略进行实验分析。

　　图 3.18(a)~(c)分别给出了在相同传输功率和电压变换比下 SPS、QDPS 以及 ODPS 模式下的实验波形。从图中可以看出,三种模式下的电流应力均不相同,QDPS 模式比 SPS 模式产生的电流应力要小,而 ODPS 模式产生的电流应力最小。图 3.18(d)给出了 DAB 从 SPS 模式切换到 ODPS 模式的暂态波形。从图中可以看出,控制系统可以控制 DAB 从 SPS 模式迅速切换到 ODPS 模式,输出电压基本保持恒定,而电流应力减小。

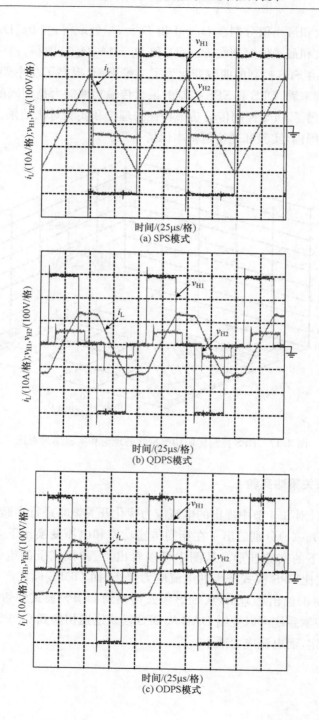

时间/(25μs/格)
(a) SPS模式

时间/(25μs/格)
(b) QDPS模式

时间/(25μs/格)
(c) ODPS模式

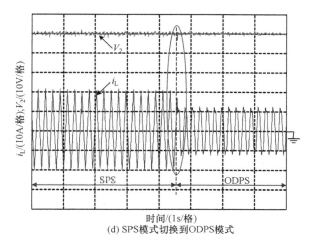

时间/(1s/格)
(d) SPS 模式切换到 ODPS 模式

图 3.18 相同传输功率下电流应力最优开关策略的实验波形

保证相同的传输功率和电压变换比,图 3.19(a)给出了在三种工作模式下电流应力随 V_1 和 D_1 的变化曲线。从图中可以看出,在各种模式下,电流应力均随着输入电压的增加而增加,对于不同的内移相比 D_1,QDPS 模式下的电流应力也不同。QDPS 模式可以产生比 SPS 模式更小的电流应力,而在全部范围内,ODPS 模式均产生最小的电流应力,与前文的理论分析一致。

图 3.19(b)给出了在三种工作模式下效率随 V_1 和 D_1 的变化曲线。从图中可以看出,QDPS 模式下的变换器效率要高于 SPS 模式,尤其是在较大电压变换比下。在电流应力的最优运行点时,变换器的效率在大多数情况下均可以取得最大值。

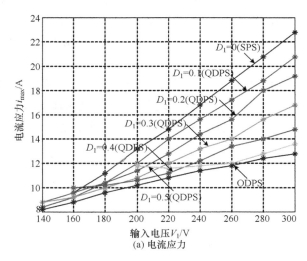

输入电压 V_1/V
(a) 电流应力

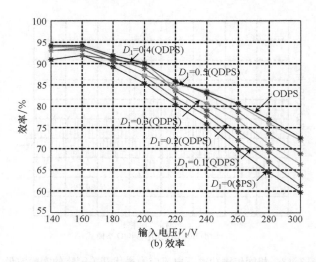

图 3.19　DAB 在电流应力最优开关策略下的电流应力和效率实验结果

3.6　本章小结

本章主要是对 DAB 的 PWM 移相控制方法进行分析，可以得到如下结论。

（1）对 DAB 的环流特性进行分析，提出了 EPS 控制方法，比较分析了 SPS 与 EPS 控制的传输功率特性、回流功率特性以及电流应力特性，分析表明：相比 SPS 控制，EPS 控制具有更大的功率调节范围、更小的回流功率和电流应力，可以有效提高 DAB 的效率。

（2）对 DAB 的 DPS 控制的传输功率特性进行分析，分析表明：SPS、EPS 和 DPS 控制的最大传输功率能力相同，DPS 控制最大传输功率能力并不是 SPS 控制的 4/3 倍；当外移相比相同且 $0 \leqslant D_2 < 0.5$ 时，EPS 控制可以达到比 SPS 和 DPS 控制更大的传输功率。

（3）在 EPS 和 DPS 控制研究的基础上，提出了 DAB 移相控制的优化开关策略，分析表明：优化开关策略可以进一步提高移相控制的电流应力和效率表现性能，且这种效果在较大电压变换比和轻载状态下尤其明显。

第4章 双主动全桥变换器的高频链统一模型

在前面对 DAB 的分析中,扩展移相和双移相控制方法也仍采用 SPS 控制中的分段分析方法对高频链环节电压、电流等进行建模。由于上述移相控制方法中,DAB 的两个全桥内部均存在移相行为,高频链环节的可调控制变量增多,系统模型随着时间段的不同以及工作状态的不同而发生变化,因此所建立的模型非常复杂,并且不具有普适性,尤其是当 DAB 应用到直流变压器中时会更加复杂。另外,为了解释上述先进移相控制对环流的改进作用,采用回流功率或无功功率的概念对环流的产生进行了分析,所建立解析模型的物理意义并不明确,对 DAB 中环流产生机理的解释和环流特性的定量描述不具有一般性。本章将基于傅里叶分析给出 DAB 的高频链统一特性描述,并给出一种实用化的优化控制策略。

4.1 DAB 的高频链统一特性描述

4.1.1 移相控制的统一形式

如图 4.1 所示,第 2 章中所述的 SPS、EPS 以及 DPS 等控制均可以采用此统一形式进行描述。图 4.1 中,高频链电压分别存在三个不同的移相变量:α_1、α_2 和 β。其中,α_1 和 α_2 为各全桥变换器内部的移相角,称为内移相角;β 为全桥变换器 H_1 和 H_2 之间的移相角,称为外移相角。对于 SPS、EPS 和 DPS 控制均可以看出是此形式的特例,例如:令 $\alpha_1 = \alpha_2 = 0$,则为 SPS 控制;令 $\alpha_1 = 0$ 或 $\alpha_2 = 0$,则为 EPS 控制;令 $\alpha_1 = \alpha_2$,则为 DPS 控制。

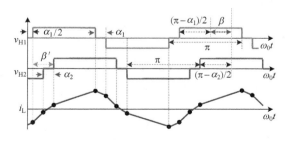

图 4.1 DAB 移相控制的统一形式

需要注意的是,第 2 章中 EPS 以及 DPS 外移相比的定义即图 2.9 中的 β',而统一形式中外移相角 β 的定义有所不同,其不仅反映了全桥 H_1 和 H_2 中相同位置开关管驱动脉冲的相移,同时反映了高频链交流电压 v_{H1} 和 v_{H2} 的相移。在后续的分析中,可以发现 $\beta = \beta' + (\alpha_1 - \alpha_2)/2$ 具有更清晰的物理意义。

4.1.2 高频链电压和电流统一描述

根据 4.1.1 节的分析,DAB 的高频链电压可以通过傅里叶级数分解,有

$$
\begin{cases}
v_{H1}(t) = \displaystyle\sum_{n=1,3,5,\cdots} \frac{4V_1}{n\pi} \cos\left(n\frac{\alpha_1}{2}\right) \sin(n\omega_0 t) \\
v_{H2}(t) = \displaystyle\sum_{n=1,3,5,\cdots} \frac{4V_2}{n\pi} \cos\left(n\frac{\alpha_2}{2}\right) \sin\left[n(\omega_0 t - \beta)\right]
\end{cases}
\tag{4.1}
$$

对于高频链电流,有

$$
i(t) - i(0) = \int_0^t \frac{v_{H1}(t) - v_{H2}(t)}{L} \mathrm{d}t
\tag{4.2}
$$

考虑到 DAB 高频链电流在一个开关周期的对称性,有

$$
i\left(\frac{\pi}{\omega_0}\right) = -i(0)
\tag{4.3}
$$

根据式(4.1)~式(4.3),可得

$$
i(t) = \sum_{n=1,3,5,\cdots} \frac{4}{n^2 \pi \omega_0 L} \sqrt{A^2 + B^2} \sin\left(n\omega_0 t + \arctan\frac{A}{B}\right)
\tag{4.4}
$$

其中

$$
\begin{cases}
A = V_2 \cos\left(n\frac{\alpha_2}{2}\right)\cos(n\beta) - V_1 \cos\left(n\frac{\alpha_1}{2}\right) \\
B = V_2 \cos\left(n\frac{\alpha_2}{2}\right)\sin(n\beta)
\end{cases}
\tag{4.5}
$$

根据上述分析,除了基波分量,高频链电压和电流中主要存在奇次高频分量。可以得到高频链电压和电流有效值为

$$
\begin{cases}
U_{H1rms} = \sqrt{\displaystyle\sum_{n=1,3,5,\cdots} U_{H1n}^2} = \sqrt{\displaystyle\sum_{n=1,3,5,\cdots} \left[\frac{2\sqrt{2}V_1}{n\pi}\cos\left(n\frac{\alpha_1}{2}\right)\right]^2} \\
U_{H2rms} = \sqrt{\displaystyle\sum_{n=1,3,5,\cdots} U_{H2n}^2} = \sqrt{\displaystyle\sum_{n=1,3,5,\cdots} \left[\frac{2\sqrt{2}V_2}{n\pi}\cos\left(n\frac{\alpha_2}{2}\right)\right]^2} \\
I_{rms} = \sqrt{\displaystyle\sum_{n=1,3,5,\cdots} I_n^2} = \sqrt{\displaystyle\sum_{n=1,3,5,\cdots} \left[\frac{2\sqrt{2}}{n^2 \pi \omega_0 L}\sqrt{A^2 + B^2}\right]^2}
\end{cases}
\tag{4.6}
$$

4.1.3　高频链传输功率统一描述

DAB 在一个开关周期内的平均功率为

$$P = \frac{1}{T}\int_0^T v_{H1}(t)i(t)\,\mathrm{d}t \tag{4.7}$$

根据上述分析,可得

$$
\begin{aligned}
P = &\frac{1}{T}\int_0^T \sum_{n=1,3,5,\cdots} \frac{16V_1\sqrt{A^2+B^2}}{n^3\pi^2\omega_0 L}\cos\left(n\frac{\alpha_1}{2}\right)\sin(n\omega_0 t)\sin\left(n\omega_0 t + \arctan\frac{A}{B}\right)\mathrm{d}t \\
&+ \frac{1}{T}\int_0^T \sum_{m\neq n} \frac{16V_1\sqrt{A^2+B^2}}{mn^2\pi^2\omega_0 L}\cos\left(m\frac{\alpha_1}{2}\right)\sin(m\omega_0 t)\sin\left(n\omega_0 t + \arctan\frac{A}{B}\right)\mathrm{d}t
\end{aligned}
\tag{4.8}
$$

根据三角函数的正交性,式(4.8)中的第二项积分等于零,第一项中两同频率正弦的乘积为

$$\sin(n\omega_0 t)\sin\left(n\omega_0 t + \arctan\frac{A}{B}\right) = \frac{1}{2}\left[\cos\left(\arctan\frac{A}{B}\right) - \cos\left(n\omega_0 t + \frac{1}{2}\arctan\frac{A}{B}\right)\right] \tag{4.9}$$

根据上述分析,可得

$$P = \sum_{n=1,3,5,\cdots} \frac{8V_1V_2}{n^3\pi^2\omega_0 L}\cos\left(n\frac{\alpha_1}{2}\right)\cos\left(n\frac{\alpha_2}{2}\right)\sin(n\beta) \tag{4.10}$$

事实上,如果同频率高频链电压和电流产生的有功功率为 P_n,则有

$$
\begin{aligned}
P_n &= \frac{8V_1\sqrt{A^2+B^2}}{n^3\pi^2\omega_0 L}\cos\left(n\frac{\alpha_1}{2}\right)\cos\left(-\arctan\frac{A}{B}\right) \\
&= \frac{8V_1V_2}{n^3\pi^2\omega_0 L}\cos\left(n\frac{\alpha_1}{2}\right)\cos\left(n\frac{\alpha_2}{2}\right)\sin(n\beta)
\end{aligned}
\tag{4.11}
$$

根据式(4.10)和式(4.11),有

$$P = \sum_{n=1,3,5,\cdots} P_n \tag{4.12}$$

因此,DAB 的有功功率等于基波有功功率以及各频次有功功率之和。

根据上述分析,图 4.2 给出了各频次电压、电流以及瞬时功率随时间的变化情况。从图中可以看出,各频次分量共同组成的高频链电压和电流波形与采用传统分段分析法得到的波形基本一致;基波分量幅值大于其他各高次谐波所占有的比重;尤其是基波瞬时功率与总的瞬时功率基本保持一致。在图 4.2 中,所有功率分量均以 $P_N = V_1 \times V_2/(8f_s \times L)$ 为基准进行标幺化,从中可以看出最大功率值为 1,这与传统分段建模方法结论一致。

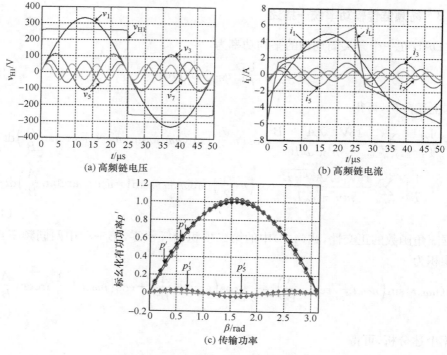

图 4.2　高频链电气量分解

4.2　DAB 的高频链环流特性

4.2.1　高频链无功功率定义

DAB 为 DC/DC 变换器,以传递有功功率为最终目标,但是由于其高频链环节可以等效为交流形式,所以也会存在无功功率的流动。本章中定义 DAB 的无功功率为其高频链环节电压和电流产生的无功功率。

根据前面的分析,DAB 的高频链电压和电流均为非正弦波,其无功功率包括:①基波电压电流之间产生的无功功率;②同频率谐波电压电流之间产生的无功功率;③不同频率谐波电压电流之间产生的无功功率。其中,基波和同频率谐波电压电流产生的无功功率为

$$
\begin{aligned}
Q_{n=1,3,5,\cdots} &= \frac{8V_1\sqrt{A^2+B^2}}{n^3\pi^2\omega_0 L}\cos(n\alpha_1)\sin\left(-\arctan\frac{A}{B}\right) \\
&= \frac{8V_1\cos(n\alpha_1)}{n^3\pi^2\omega_0 L}[V_1\cos(n\alpha_1)-V_2\cos(n\alpha_2)\cos(n\beta)] \quad (4.13)
\end{aligned}
$$

不同频率谐波电压和电流不产生有功,仅产生无功,有

$$Q_{m\neq n}=U_{\mathrm{H1}m}I_n=\frac{8V_1\cos\left(m\dfrac{\alpha_1}{2}\right)}{mn^2\pi^2\omega_0 L}\left\{\left[V_1\cos\left(n\dfrac{\alpha_1}{2}\right)-V_2\cos\left(n\dfrac{\alpha_2}{2}\right)\right]^2\right.$$
$$\left.+2V_1V_2\cos\left(n\dfrac{\alpha_1}{2}\right)\cos\left(n\dfrac{\alpha_2}{2}\right)\left[1-\cos(n\beta)\right]\right\}^{1/2} \tag{4.14}$$

当有功功率恒定时,无功功率会导致视在功率和电流有效值的增加,进而导致设备和线路容量增大,损耗也增大。这也是在 DAB 中会存在较大的环流,进而系统效率较低的原因。本书中,总无功功率 Q 定义为

$$Q=\sqrt{S^2-P^2} \tag{4.15}$$

其中,S 为视在功率,有

$$S=U_{\mathrm{H1rms}}I_{\mathrm{rms}}=\sqrt{\sum_{n=1,3,5,\cdots}P_n^2+\sum_{n=1,3,5,\cdots}Q_n^2+\sum_{m\neq n=1,3,5,\cdots}Q_{m\neq n}^2} \tag{4.16}$$

图 4.3 给出了 SPS 控制下无功功率随移相角 β 的变化曲线。图中,所有功率均以 $P_{\mathrm{N}}=V_1\times V_2/(8f_{\mathrm{s}}\times L)$ 为基准进行标幺化。从中可以看出,在 $[0,\pi]$ 范围内,无功功率随着 β 的增加而增加。由于总有两个对称的移相角 β 和 $\pi-\beta$ 使得有功功率相等,所以在实际设计中移相角主要运行在 $[0,\pi/2]$ 范围内。另外,基波无功功率仍旧具有最大的比重,基本与总无功功率保持一致。

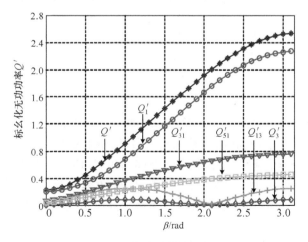

图 4.3　无功功率特性描述

4.2.2　环流功率统一描述

根据上述分析,基于无功功率,DAB 的环流特性可以采用高频链功率因数(HFL-PF)进行精确的描述,即

$$\lambda = \frac{P}{S} \tag{4.17}$$

在有功功率一定时,功率因数越小,则环流越大;功率因数越大,则环流越小。由于 DAB 以传递有功功率为最终目标,所以功率因数也反映了 DAB 的用电效率。

图 4.4 给出了高频链功率因数和有功功率随外移相角的变化曲线。从图中可以看出,功率因数先随着外移相角的增大而增大,然后减小。由于在 SPS 控制中,外移相角主要用于调节输出功率,所以其无法用于寻找优化运行点。但是在前期电路参数设计中,通常保证额定工况下的外移相角在优化范围内运行。

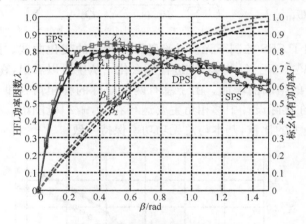

图 4.4　高频链功率因数特性描述

而对于 EPS 或 DPS 等先进控制策略,增加了一个辅助变量内移相角,因此可以利用外移相角调节功率,而利用内移相角调节功率因数,进而减小环流、提高效率。从图中可以看出,相比 SPS 控制,在相同外移相角时,EPS 和 DPS 控制的功率因数更高;DPS 和 EPS 也存在一个最优运行点,使得功率因数最高。因此,在 DPS 和 EPS 控制中如何调节内移相角使得功率因数最高就成为需要解决的问题。

4.3　DAB 的高频链基波优化控制策略

DPS 和 EPS 控制可以减小 DAB 的无功功率,进而提高变换器功率因数。但是,有功功率 P 和视在功率 S 均含有无穷多频次分量,很难对其进行解析求解。

第 2 章中通过分段分析方法建立全局最优模型来对控制变量进行优化。虽然理论上可以得到最优控制变量,但是由于输入变量太多,模型过于复杂,实际应用中操作困难,精确度也很低。而根据本章的分析,有功功率和无功功率的基波分量均具有最大的比重,与 DAB 总有功和无功基本一致。因此,本节以基波为目标提出一种实用的优化控制策略。

4.3.1　基波环流最优模型

式(4.17)所示的功率因数定义为 DAB 的全局功率因数。这里再定义基波功率因数 λ_1 为

$$\lambda_1 = \frac{P_1}{S_1} = \frac{P_1}{U_{H11} I_1} = \frac{V_2 \cos\frac{\alpha_2}{2} \sin\beta}{\sqrt{\left(V_1 \cos\frac{\alpha_1}{2} - V_2 \cos\frac{\alpha_2}{2} \cos\beta\right)^2 + \left(V_2 \cos\frac{\alpha_2}{2} \sin\beta\right)^2}} \quad (4.18)$$

从式(4.18)中,基波功率因数的最大值可以达到 1,此时有

$$V_1 \cos\frac{\alpha_1}{2} - V_2 \cos\frac{\alpha_2}{2} \cos\beta = 0 \quad (4.19)$$

若将式(4.19)代入式(4.13),可以得到 $Q_1 = 0$,即消除了基波无功功率。外移相角 β 主要由传递的有功功率决定。根据图 4.4,功率因数最大点时的 β 通常较小,后续会随着 β 的增大而减小,因此在设计中,通常将额定工作状态时的 β 设置较小。因而式(4.19)可以近似为

$$V_1 \cos\frac{\alpha_1}{2} \approx V_2 \cos\frac{\alpha_2}{2} \quad (4.20)$$

对于 Q_1,基波无功功率主要与基波电压的幅值差有关。此时,基波有功功率为

$$\begin{cases} P_1 = \dfrac{8V_2^2}{\pi^2 \omega_0 L} \cos^2\dfrac{\alpha_2}{2} \sin\beta \leqslant \dfrac{8V_2^2}{\pi^2 \omega_0 L} \sin\beta \\ P_1 = \dfrac{8V_1^2}{\pi^2 \omega_0 L} \cos^2\dfrac{\alpha_1}{2} \sin\beta \leqslant \dfrac{8V_1^2}{\pi^2 \omega_0 L} \sin\beta \end{cases} \quad (4.21)$$

在有功功率一定时,为了减小外移相角,根据式(4.21),应使 $\cos\dfrac{\alpha_1}{2}$ 和 $\cos\dfrac{\alpha_2}{2}$ 具有尽可能大的值,有

$$\begin{cases} \alpha_1 = 2\arccos\dfrac{V_2}{V_1}, \alpha_2 = 0, & V_1 \geqslant V_2 \\ \alpha_1 = 0, \alpha_2 = 2\arccos\dfrac{V_1}{V_2}, & V_1 < V_2 \end{cases} \quad (4.22)$$

根据上述分析,图 4.5 给出了不同控制方式的高频链功率因数对比。图中,基于基波优化模型的控制方法定义为 FOPS。从图中可以看出,在所有控制方式下,FOPS 具有最大的功率因数。

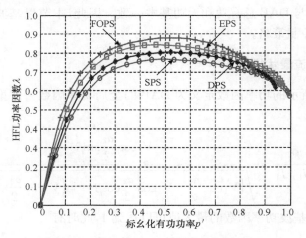

图 4.5   不同控制方式的高频链功率因数对比

4.3.2   基波最优控制策略

图 4.6 给出了一种基于 FOPS 的控制策略。DAB 的外移相角用于调节输出电压或功率。控制模型由一个电压控制器和一个电流控制器组成。电压控制器的输入为电压参考值与电压实际值的差值,输出为电流参考值。电流控制器根据检测到的电流和参考值做比较,并输出下一开关周期的外移相角。DAB 的内移相角用于调节环流。控制模型由环流控制器组成,根据在线检测到的端电压计算得到下一开关周期的内移相角。

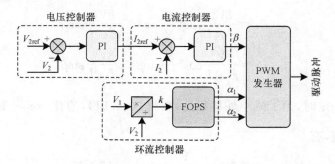

图 4.6   一种基于 FOPS 的控制策略

4.3.3　基波最优控制策略表现性能

根据高频链的特性描述，DAB 的基波的有功和无功分量均在 DAB 的全局分量中占有最大的比重。因此，为了简化，本章中给出了一种基于基波环流的优化方法。根据图 4.5，优化策略下的 DAB 环流优于大部分情况下的环流。但是由于其毕竟不是针对全局环流进行优化，所以并非全局最优解。通过枚举，图 4.7 给出了一种特殊情况（EC3）。此时，基波最优策略下的环流并非最小。

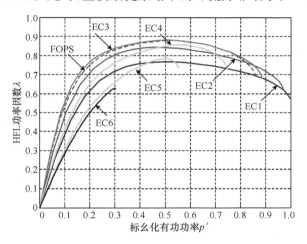

图 4.7　枚举得到的高频链功率因数

尽管如此，由于全局模型复杂，在实际运行中实施困难。因此，基波最优策略仍不失为 DAB 实际运行中一种简单、有效的优化方法。

4.4　DAB 的工程化分析软件

根据本章建立的高频链统一模型，可以采用 MATLAB 等分析工具开发 DAB 的工程化分析软件，以帮助工程化设计和计算。图 4.8 给出了作者实验室开发的基于 DAB 串并联的直流变压器分析软件。

在图 4.8 所示分析软件中，可以直接输入直流变压器的基本设计参数。基本设计参数是所期望的直流变压器基本参数，包括直流变压器的电压等级、容量、DAB 单元数量、开关频率等。程序将根据给定的基本设计参数进行计算分析，自动计算直流变压器以及各 DAB 单元的主回路关键元件参数，以及所制定运行点的关键电气量运行特性。

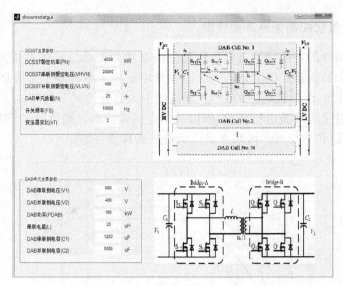

(a) 参数输入界面

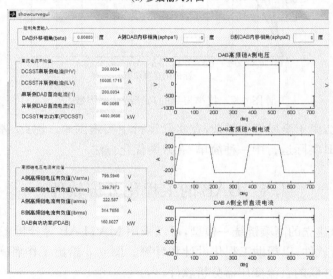

(b) 计算结果

图 4.8　DAB 的工程化分析软件

4.5　实　验　分　析

　　为了验证本章的理论分析,本节建立了一个 DAB 实验样机。实验参数如下:
串联电抗 $L=200\mu H$,开关频率 $f_s=20kHz$,直流端电压 $V_1=260V$ 和 $V_2=200V$,

变压器变比 1.1：1，即 V_2 在 V_1 侧的等效电压为 220V。

　　图 4.9 给出了不同控制方式下，高频链环节的理论计算波形与实验波形对比。从中可以看出，各种方式下，计算波形与实验波形均具有很好的一致性，本章提出的高频链解析模型具有很好的通用性。

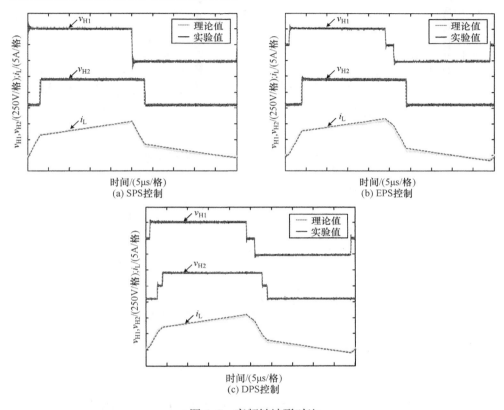

图 4.9　高频链波形对比

　　图 4.10 给出了高频链电流幅值频谱的理论计算值与实验值对比。从中可以看出，高频链电流主要由奇次分量组成，基波分量具有最大的幅值。

　　表 4.1 给出了不同控制方式下高频链电气量的理论值与实验值对比。从中可以看出，解析计算结果与实验结果基本一致，最大误差小于 5%，验证了本章提出的统一解析模型具有足够的精度以满足实际工程的分析需求。

　　图 4.11 给出了不同控制方式下高频链功率因数和效率的实验结果。从中可以看出，对于不同的有功功率，FOPS 具有最高的高频链功率因数，进而也提高了 DAB 的运行效率。实验结果与理论分析具有较好的一致性。

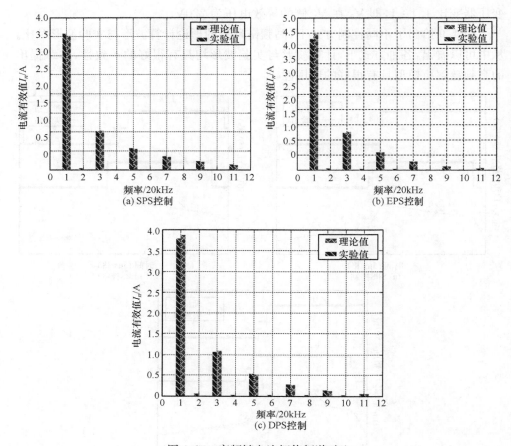

图 4.10　高频链电流幅值频谱对比

表 4.1　不同控制方式下高频链电气量的理论值与实验值对比

电气量	解析计算结果			实验结果			最大误差
	SPS	EPS	DPS	SPS	EPS	DPS	
U_{1rms}	260	249	249	260	248	249	0.4%
I_{1rms}	3.73	4.68	4.06	3.78	4.52	3.97	3.4%
P	755	949	824	772	937	814	2.3%
S	970	1166	1013	983	1121	985	3.9%

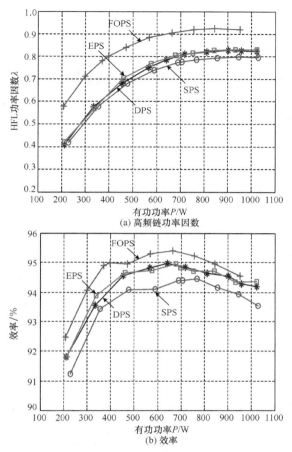

图 4.11　高频链功率因数和效率实验结果

4.6　本 章 小 结

本章主要对 DAB 的解析模型及控制方式进行了分析,尤其是基于傅里叶分解提出了一种统一解析模型,基于基波环流提出了一种简单实用的基波最优控制策略,最后实验结果证明了理论分析的正确性和有效性。根据理论分析和实验结果,通过定义恰当的外移相角,DAB 的移相控制均可以采用统一形式进行描述。根据统一的高频链特性描述,高频链电压和电流仅由奇次分量组成,有功功率仅由相同频次的基波分量产生。基于统一特性描述,环流功率可以采用高频链功率因数进行精确描述。由于基波有功和无功功率在总的功率中占有最大的比重,所以 FOPS 控制策略可以用来减小环流和提高效率。尽管 FOPS 并非全局最优方案,但是由于全局模型复杂,在实际中实施困难,基波最优策略将是一种简单、实用的优化控制方法。

第 5 章　双主动全桥变换器的软开关特性

本章主要对 DAB 的软开关特性进行分析,尤其是给出不匹配状态下 DAB 的开关特性、软开关运行范围等,并探讨扩展移相控制对 DAB 软开关特性的改进。在此基础上,介绍几种常见的谐振软开关方案。

5.1　DAB 的软开关行为

5.1.1　不匹配运行状态

在第 2 章中,给出了 DAB 在单移相控制下的开关模态分析。对于图 2.2 所示的工作状态,DAB 的所有开关管仍工作在 ZVS 开通和硬关断状态,所有二极管仍工作在硬开通和 ZCS 关断状态。事实上,图 2.2 所示的工作状态仅仅是 DAB 在实际运行中的一种状态,即匹配状态或者不匹配但是重载状态,此时高频链电流 i_L 在 t_1 和 t_2 时刻具有相同的极性,并且与 t_0 和 t_3 时刻的极性相反。

除此之外,DAB 仍存在其他工作状态。如图 5.1(a) 所示,在电压变换比 $k = V_1/(nV_2) > 1$ 且轻载状态下,高频链电流 i_L 在 t_0 和 t_1 时刻的极性均为负,并且与

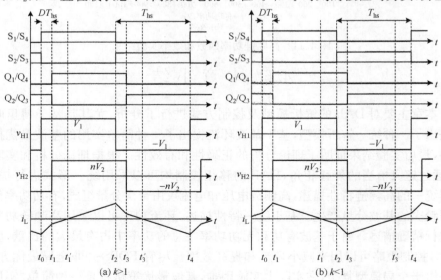

图 5.1　DAB 的不匹配工作状态

t_2 和 t_3 时刻的极性相反。如图 5.1(b)所示,在 $k<1$ 且轻载状态下,高频链电流 i_L 在 t_0 和 t_1 时刻的极性均为正,并且与 t_2 和 t_3 时刻的极性相反。对于这些不同的工作状态,DAB 具有不同的开关行为。

在图 5.1 中,功率由 V_1 侧流向 V_2 侧,对于功率流反向的情况可以进行类似分析,结论是类似的。

5.1.2　开关行为分析

1) $k>1$

在图 5.1(a)中,$t=t_0$ 时刻以前,开关管 S_2、S_3、Q_2 及 Q_3 的驱动脉冲处于导通状态,开关管 S_1、S_4、Q_1 及 Q_4 的驱动脉冲处于关断状态,由于电感电流 i_L 为负,电流流经 S_2、S_3、M_2 及 M_3,等效电路如图 5.2(a)所示。

在 $t=t_0$ 时刻,开关管 S_1 和 S_4 导通,S_2 和 S_3 关断,由于电感电流 i_L 为负,原边侧全桥电流由 S_2、S_3 切换到 D_1、D_4,副边侧全桥状态不变,等效电路如图 5.2(b)所示。从模式 A_1 到模式 B_1 可以得到 S_2 和 S_3 硬关断,D_1 和 D_4 硬导通。

在 $t=t_1$ 时刻,开关管 Q_1 和 Q_4 导通,Q_2 和 Q_3 关断,由于电感电流 i_L 仍为负,原边侧全桥状态不变,副边侧全桥电流由 M_2、M_3 切换到 Q_1、Q_4,等效电路如图 5.2(c)所示。从模式 B_1 到模式 C_1 可以得到 M_2 和 M_3 硬关断,Q_1 和 Q_4 硬导通。

在 $t=t_1'$ 时刻,电感电流 i_L 由负变为正,原边侧全桥电流由 D_1、D_4 切换到 S_1、S_4,副边侧全桥电流由 Q_1、Q_4 切换到 M_1、M_4,等效电路如图 5.2(d)所示。从模式 C_1 到模式 D_1 可以得到 S_1 和 S_4 ZVS 开通,D_1 和 D_4 ZCS 关断,Q_1 和 Q_4 ZCS 关断,M_1 和 M_4 ZVS 开通。

在 $t=t_2$ 时刻,开关管 S_2 和 S_3 导通,S_1 和 S_4 关断,由于电感电流 i_L 为正,原边侧全桥电流由 S_1、S_4 切换到 D_2、D_3,副边侧全桥状态不变,等效电路如图 5.2(e)所示。从模式 D_1 到模式 E_1 可以得到 S_1 和 S_4 硬关断,D_2 和 D_3 硬导通。

在 $t=t_3$ 时刻,开关管 Q_2 和 Q_3 导通,Q_1 和 Q_4 关断,由于电感电流 i_L 仍为正,原边侧全桥状态不变,副边侧全桥电流由 M_1、M_4 切换到 Q_2、Q_3,等效电路如图 5.2(f)所示。从模式 E_1 到模式 F_1 可以得到 M_1 和 M_4 硬关断,Q_2 和 Q_3 硬导通。

在 $t=t_3'$ 时刻,电感电流 i_L 由正变为负,原边侧全桥电流由 D_2、D_3 切换到 S_2、S_3,副边侧全桥电流由 Q_2、Q_3 切换到 M_2、M_3,等效电路如图 5.2(a)所示。从模式 F_1 到模式 A_1 可以得到 S_2 和 S_3 ZVS 开通,D_2 和 D_3 ZCS 关断,Q_2 和 Q_3 ZCS 关断,M_2 和 M_3 ZVS 开通。

根据上述分析,不匹配状态下,DAB 的原边侧开关管工作在 ZVS 开通和硬关断状态,二极管工作在硬开通和 ZCS 关断状态;副边侧开关管工作在硬开通和 ZCS 关断状态,二极管工作在 ZVS 开通和硬关断状态。

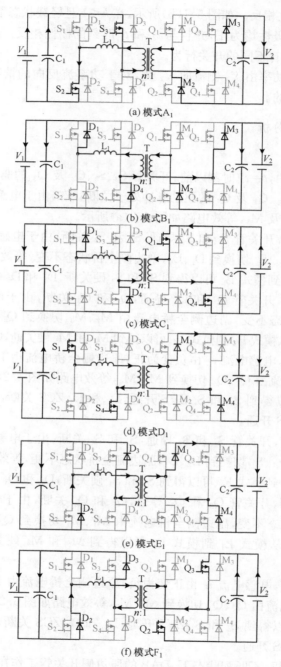

(a) 模式 A_1

(b) 模式 B_1

(c) 模式 C_1

(d) 模式 D_1

(e) 模式 E_1

(f) 模式 F_1

图 5.2　DAB 不匹配状态 1 下的工作模式

2) $k<1$

在图 5.1(b)中，$t=t_0$ 时刻以前，开关管 S_2、S_3、Q_2 及 Q_3 的驱动脉冲处于导通状态，开关管 S_1、S_4、Q_1 及 Q_4 的驱动脉冲处于关断状态，由于电感电流 i_L 为正，电流流经 D_2、D_3、Q_2 及 Q_3，等效电路如图 5.3(a)所示。

在 $t=t_0$ 时刻，开关管 S_1 和 S_4 导通，S_2 和 S_3 关断，由于电感电流 i_L 为正，原边侧全桥电流由 D_2、D_3 切换到 S_1、S_4，副边侧全桥状态不变，等效电路如图 5.3(b)所示。从模式 A_2 到模式 B_2 可以得到 D_2 和 D_3 硬关断，S_1 和 S_4 硬导通。

在 $t=t_1$ 时刻，开关管 Q_1 和 Q_4 导通，Q_2 和 Q_3 关断，由于电感电流 i_L 仍为正，原边侧全桥状态不变，副边侧全桥电流由 Q_2、Q_3 切换到 M_1、M_4，等效电路如图 5.3(c)所示。从模式 B_2 到模式 C_2 可以得到 Q_2 和 Q_3 硬关断，M_1 和 M_4 硬导通。

在 $t=t_1'$ 时刻，电感电流 i_L 由正变为负，原边侧全桥电流由 S_1、S_4 切换到 D_1、D_4，副边侧全桥电流由 M_1、M_4 切换到 Q_1、Q_4，等效电路如图 5.3(d)所示。从模式 C_2 到模式 D_2 可以得到 Q_1 和 Q_4 ZVS 开通，M_1 和 M_4 ZCS 关断，S_1 和 S_4 ZCS 关断，D_1 和 D_4 ZVS 开通。

在 $t=t_2$ 时刻，开关管 S_2 和 S_3 导通，S_1 和 S_4 关断，由于电感电流 i_L 为负，原边侧全桥电流由 D_1、D_4 切换到 S_2、S_3，副边侧全桥状态不变，等效电路如图 5.3(e)所示。从模式 D_2 到模式 E_2 可以得到 D_1 和 D_4 硬关断，S_2 和 S_3 硬导通。

在 $t=t_3$ 时刻，开关管 Q_2 和 Q_3 导通，Q_1 和 Q_4 关断，由于电感电流 i_L 仍为负，原边侧全桥状态不变，副边侧全桥电流由 M_1、M_4 切换到 Q_2、Q_3，等效电路如图 5.3(f)所示。从模式 E_2 到模式 F_2 可以得到 Q_1 和 Q_4 硬关断，M_2、M_3 硬导通。

在 $t=t_3'$ 时刻，电感电流 i_L 由负变为正，原边侧全桥电流由 S_2、S_3 切换到 D_2、D_3，副边侧全桥电流由 M_2、M_3 切换到 Q_2、Q_3，等效电路如图 5.3(a)所示。从模式 F_2 到模式 A_2 可以得到 D_2 和 D_3 ZVS 开通，S_2 和 S_3 ZCS 关断，M_2 和 M_3 ZCS 关断，Q_2 和 Q_3 ZVS 开通。

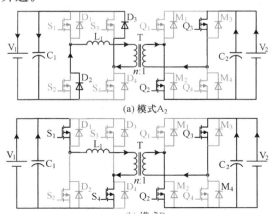

(a) 模式 A_2

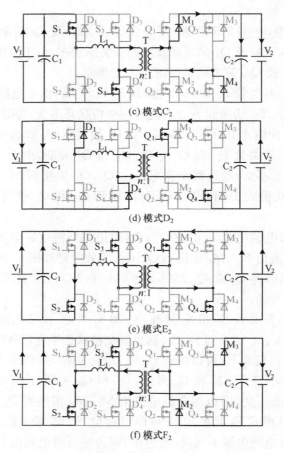

图 5.3　DAB 不匹配状态 2 下的工作模式

　　根据上述分析,不匹配状态下,DAB 的原边侧开关管工作在硬开通和 ZCS 关断状态,二极管工作在 ZVS 开通和硬关断状态;副边侧开关管工作在 ZVS 开通和硬关断状态,二极管工作在硬开通和 ZCS 关断状态。

5.1.3　软开关运行范围

　　根据 DAB 开关行为的分析,在匹配状态下,DAB 的所有开关管仍工作在 ZVS 开通和硬关断状态,所有二极管仍工作在硬开通和 ZCS 关断状态。在不匹配状态下,DAB 开关管的 ZVS 开通行为可能会丢失,将会产生开关管的硬开通和二极管硬关断损耗,使得变换器损耗增加,效率降低。尤其是对于采用 MOSFET 或者 SiC 等新型高开关频率的器件,开关管的开通损耗将会大于关断损耗。

根据 5.1.2 节的分析,对于 $k>1$,可能会丢失 DAB 副边侧全桥的 ZVS 行为,对于 $k<1$,可能会丢失 DAB 原边侧全桥的 ZVS 行为。为了保证 DAB 始终工作在 ZVS 状态,必须保证:

$$\begin{cases} i_L(t_1) \geqslant 0, & k>1 \text{ 副边侧 ZVS} \\ i_L(t_2) \geqslant 0, & k<1 \text{ 原边侧 ZVS} \end{cases} \quad (5.1)$$

根据第 2 章的分析,有

$$\begin{cases} P = \dfrac{k\,(nV_2)^2}{2f_s L}\big[D(1-D)\big] \\ i_L(t_1) = \dfrac{nV_2}{4f_s L}\big[k(2D-1)+1\big] \\ i_L(t_2) = \dfrac{nV_2}{4f_s L}(k+2D-1) \end{cases} \quad (5.2)$$

由此可以得到 DAB 在 SPS 控制下的 ZVS 软开关范围如图 5.4 所示。匹配状态下,即 $k=1$ 时,DAB 在全运行区间内均能够保证 ZVS 软开关。而随着不匹配程度的增加(即 k 越远离 1),ZVS 软开关范围减少。图 5.4 中,阴影区域对应图 2.2 所示的匹配状态开关模态;阴影区域的上方和下方则分别对应图 5.2 和图 5.3 所示的不匹配状态 1 和 2 的开关模态。

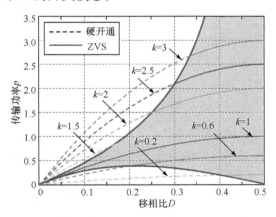

图 5.4　DAB 的软开关运行范围

5.2　扩展移相控制对软开关行为的改进

5.2.1　EPS 控制不匹配运行状态

1) $k>1$

第 3 章中给出了扩展移相控制的工作方式,与 5.1 节的分析类似,图 3.2 中所示的工作状态仅仅是 DAB 在实际中的一种工作状态。这里仍以图 3.2(a)所示的 $D_2 > 0$ 时的工作状态为例进行分析,图 5.5 给出了两种对应的工作状态。当内移相比 D_1 较大而外移相比 D_2 较小时,高频链电流 i_L 在 t_1 时刻的极性可能为正,如图 5.5(a)所示。当电压变换比 $k > 1$ 且轻载时,高频链电流 i_L 在 t_2 时刻的极性可能为负,如图 5.5(b)所示。对于这些不同的工作状态,DAB 具有不同的开关行为。

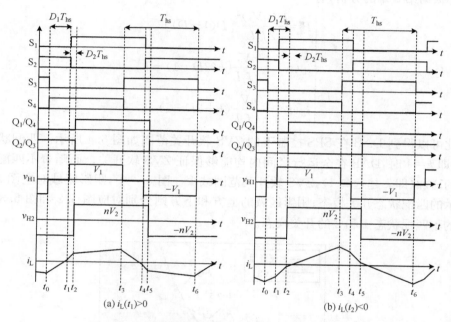

$$(a)\ i_L(t_1) > 0$$

图 5.5　$k > 1$ 时 DAB 软开关行为丢失时的工作波形

2) $k < 1$

在 $k < 1$ 的情况下,DAB 两侧全桥的工作状态将发生变化,内移相比将加入 V_2 侧全桥内。与 $k > 1$ 的情况类似,如图 5.6 给出了两种不匹配情况下的工作状态。当内移相比 D_1 较大而外移相比 D_2 较小时,高频链电流 i_L 在 t_1 时刻的极性可能为负;当电压变换比 $k < 1$ 且轻载时,高频链电流 i_L 在 t_0 时刻的极性可能为正。

5.2.2　开关行为分析

1) $k > 1$

在图 5.5(a)中,$t = t_1$ 时刻以前,开关管 S_2、S_4、Q_2 及 Q_3 的驱动脉冲处于导通状态,由于电感电流 i_L 为正,电流流经 D_2、S_4、Q_2 及 Q_3,等效电路如图 5.7(a)所示。在 $t = t_1$ 时刻,开关管 S_1 导通,S_2 关断,由于电感电流 i_L 为正,原边侧全桥电

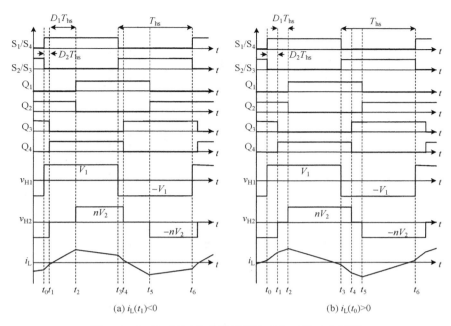

图 5.6　$k < 1$ 时 DAB 软开关行为丢失时的工作波形

流由 D_2 切换到 S_1，副边侧全桥状态不变，等效电路如图 5.7(b)所示。从模式 A_1 到模式 B_1 可以得到 S_1 硬开通，D_2 硬关断。

在 $t = t_4$ 时刻以前，开关管 S_1、S_3、Q_1 及 Q_4 的驱动脉冲处于导通状态，由于电感电流 i_L 为负，电流流经 D_1、S_3、Q_1 及 Q_4，等效电路如图 5.7(c)所示。在 $t = t_4$ 时刻，开关管 S_1 关断，S_2 导通，由于电感电流 i_L 为负，原边侧全桥电流由 D_1 切换到 S_2，副边侧全桥状态不变，等效电路如图 5.7(d)所示。从模式 C_1 到模式 D_1 可以得到 S_2 硬开通，D_1 硬关断。

同样的道理，图 5.5(b)中，$t = t_2$ 时刻以前，开关管 S_1、S_4、Q_2 及 Q_3 的驱动脉冲处于导通状态，由于电感电流 i_L 为负，电流流经 D_1、D_4、M_2 及 M_3，等效电路如图 5.7(e)所示。在 $t = t_2$ 时刻，开关管 Q_1 和 Q_4 导通，Q_2 和 Q_3 关断，由于电感电流 i_L 为负，副边侧全桥电流由 M_2、M_3 切换到 Q_1、Q_4，原边侧全桥状态不变，等效电路如图 5.7(f)所示。从模式 E_1 到模式 F_1 可以得到 Q_1 和 Q_4 硬开通，M_2 和 M_3 硬关断。

在 $t = t_5$ 时刻以前，开关管 S_2、S_3、Q_1 及 Q_4 的驱动脉冲处于导通状态，由于电感电流 i_L 为正，电流流经 D_2、D_3、M_1 及 M_4，等效电路如图 5.7(g)所示。在 $t = t_5$ 时刻，开关管 Q_2 和 Q_3 导通，Q_1 和 Q_4 关断，由于电感电流 i_L 为正，副边侧全桥电流由 M_1、M_4 切换到 Q_2、Q_3，原边侧全桥状态不变，等效电路如图 5.7(h)所示。从模式 G_1 到模式 H_1 可以得到 Q_2 和 Q_3 硬开通，M_1 和 M_4 硬关断。

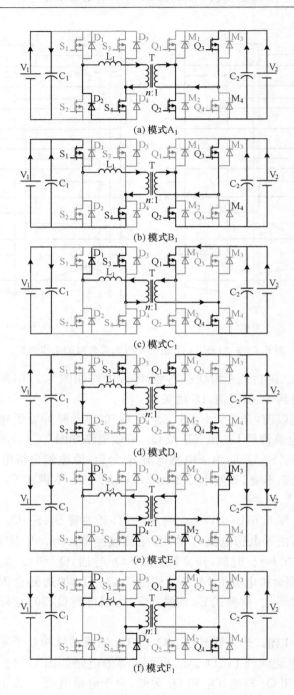

(a) 模式A_1

(b) 模式B_1

(c) 模式C_1

(d) 模式D_1

(e) 模式E_1

(f) 模式F_1

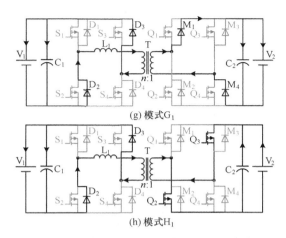

(g) 模式 G_1

(h) 模式 H_1

图 5.7　EPS 控制 $k>1$ 时的部分工作模式

2) $k<1$

在图 5.6(a) 中，$t=t_1$ 时刻以前，开关管 S_1、S_4、Q_2 及 Q_3 的驱动脉冲处于导通状态，由于电感电流 i_L 为负，电流流经 D_1、D_4、M_2 及 M_3，等效电路如图 5.8(a) 所示。在 $t=t_1$ 时刻，开关管 Q_4 导通，Q_3 关断，由于电感电流 i_L 为负，副边侧全桥电流由 M_3 切换到 Q_4，原边侧全桥状态不变，等效电路如图 5.8(b) 所示。从模式 A_2 到模式 B_2 可以得到 Q_4 硬开通，M_3 硬关断。

在 $t=t_4$ 时刻以前，开关管 S_2、S_3、Q_1 及 Q_4 的驱动脉冲处于导通状态，由于电感电流 i_L 为正，电流流经 D_2、D_3、M_1 及 M_4，等效电路如图 5.8(c) 所示。在 $t=t_4$ 时刻，开关管 Q_4 关断，Q_3 导通，由于电感电流 i_L 为正，副边侧全桥电流由 M_4 切换到 Q_3，原边侧全桥状态不变，等效电路如图 5.8(d) 所示。从模式 C_2 到模式 D_2 可以得到 Q_3 硬开通，M_4 硬关断。

同样的道理，图 5.6(b) 中，$t=t_0$ 时刻以前，开关管 S_2、S_3、Q_2 及 Q_3 的驱动脉冲处于导通状态，由于电感电流 i_L 为正，电流流经 D_2、D_3、Q_2 及 Q_3，等效电路如图 5.8(e) 所示。在 $t=t_0$ 时刻，开关管 S_1 和 S_4 导通，S_2 和 S_3 关断，由于电感电流 i_L 为正，原边侧全桥电流由 D_2、D_3 切换到 S_1、S_4，副边侧全桥状态不变，等效电路如图 5.8(f) 所示。从模式 E_2 到模式 F_2 可以得到 S_1、S_4 硬开通，D_2、D_3 硬关断。

在 $t=t_3$ 时刻以前，开关管 S_1、S_4、Q_1 及 Q_4 的驱动脉冲处于导通状态，由于电感电流 i_L 为负，电流流经 D_2、D_3、M_1 及 M_4，等效电路如图 5.8(g) 所示。在 $t=t_3$ 时刻，开关管 S_2 和 S_3 导通，S_1 和 S_4 关断，由于电感电流 i_L 为负，原边侧全桥电流由 D_1、D_4 切换到 S_2、S_3，副边侧全桥状态不变，等效电路如图 5.8(h) 所示。从模式 G_2 到模式 H_2 可以得到 S_2 和 S_3 硬开通，D_1 和 D_4 硬关断。

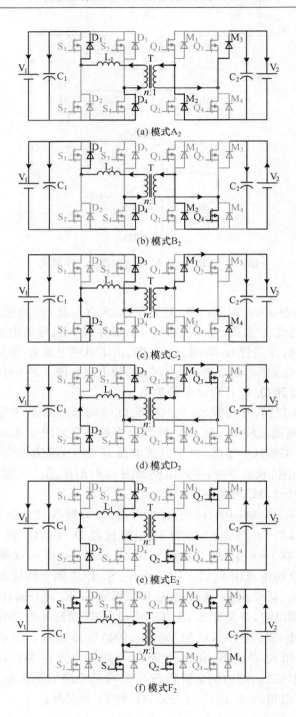

(a) 模式A₂

(b) 模式B₂

(c) 模式C₂

(d) 模式D₂

(e) 模式E₂

(f) 模式F₂

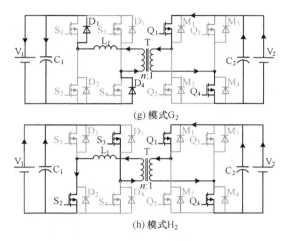

(g) 模式G_2

(h) 模式H_2

图 5.8　EPS 控制 $k<1$ 时的部分工作模式

5.2.3　软开关运行范围

1）$k>1$

根据上述分析，对于扩展移相控制，在 $k>1$ 时，为了保证 DAB 始终工作在 ZVS 状态，必须保证：

$$\begin{cases} i_L(t_1)\leqslant 0, & 原边侧\ S_1\ 和\ S_2\ ZVS \\ i_L(t_2)\geqslant 0, & 副边侧\ ZVS \end{cases} \tag{5.3}$$

根据第 3 章的分析，有

$$\begin{cases} P=\dfrac{nV_1V_2}{2f_sL}\left[D_2(1-D_2)+\dfrac{1}{2}D_1(1-D_1-2D_2)\right] \\[2mm] i_L(t_1)=-\dfrac{nV_2}{4f_sL}\left[k(1-D_1)+(2D_2-1)\right] \\[2mm] i_L(t_2)=-\dfrac{nV_2}{4f_sL}\left[k(1-D_1-2D_2)-1\right] \end{cases} \tag{5.4}$$

图 5.9 给出了 EPS 控制在 $k>1$ 时的 ZVS 软开关范围，其中，$k=2$。从图中可以看出，对于 SPS 控制，仅存在一段（$D_2=0.25\sim0.5$）区间内，DAB 可以工作在软开关范围内，此时传输功率约需大于 1.5；而对于 EPS 控制，通过调节内移相比，DAB 可以在 $D_2=0\sim0.5$ 的所有范围内保证 ZVS 运行。

2）$k<1$

根据上述分析，在 $k<1$ 时，为了保证 DAB 始终工作在 ZVS 状态，必须保证：

$$\begin{cases} i_L(t_1)\geqslant 0, & 副边侧\ Q_3\ 和\ Q_4\ ZVS \\ i_L(t_0)\leqslant 0, & 原边侧\ ZVS \end{cases} \tag{5.5}$$

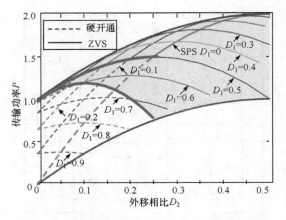

图 5.9 EPS 控制在 $k=2$ 时的软开关运行范围

根据第 3 章的分析,有

$$\begin{cases} P = \dfrac{nV_1 V_2}{2f_s L}\left[D_2(1-D_2) + \dfrac{1}{2}D_1(1-D_1-2D_2) \right] \\ i_L(t_0) = -\dfrac{nV_2}{4f_s L}(2D_2 + D_1 + k - 1) \\ i_L(t_1) = -\dfrac{nV_2}{4f_s L}(-2kD_2 + D_1 + k - 1) \end{cases} \tag{5.6}$$

图 5.10 给出了 EPS 控制在 $k<1$ 时的 ZVS 软开关范围。图 5.10 中,$k=0.5$。从中可以看出,结论与 $k>1$ 时类似,对于 SPS 控制,仅存在一段($D_2 = 0.25 \sim 0.5$)区间内,DAB 可以工作在软开关范围内,此时传输功率约需大于 0.35。而对于 EPS 控制,通过调节内移相比,DAB 可以在 $D_2 = 0 \sim 0.5$ 的所有范围内保证 ZVS 运行。

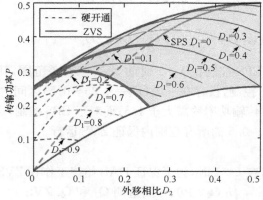

图 5.10 EPS 控制在 $k=0.5$ 时的软开关运行范围

事实上,在上述分析中,主要是对 $D_2>0$ 时的情况进行了分析,当 $D_2<0$ 时可以进行类似分析,通过合理设置内移相比,EPS 可以在 $D_2=0\sim0.5$ 的所有范围内保证 ZVS 运行。

5.3 谐振软开关方案

根据前面的分析,尽管扩展移相等先进移相控制方法可以扩大 DAB 的软开关范围,但是在一定的轻载且不匹配状态下仍然会丢失 ZVS 行为。另外,尽管 DAB 在一定工作状态下可以获得 ZVS 行为,但是其开关管的关断行为仍为硬关断。若想继续提高开关频率,仍将会具有较大的功率损耗和电磁干扰。

为了进一步提高功率密度和效率,部分文献探讨了双全桥 DC-DC 变换器的谐振软开关解决方案,其研究思路主要集中在高频交流环节谐振槽的改变上,以扩大变换器的软开关范围。对于谐振槽变化而导致性能改变的方案有很多,这里主要给出三种有代表性的方案。

图 5.11 给出了一种基于 LC 型谐振槽的双全桥 DC-DC 变换器软开关解决方案。相比 DAB,变换器可以工作在更高的开关频率、具有更高的效率,但是附加的谐振元件会带来体积和成本的增加。事实上,LC 型谐振双全桥 DC-DC 变换器与传统的串联谐振单向全桥 DC-DC 变换器类似。从软开关表现性能来看,原边开关管可以实现 ZVS,而副边开关管可以实现 ZCS。

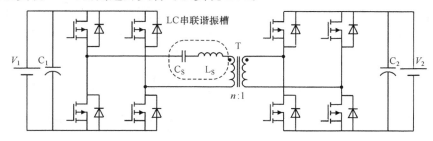

图 5.11 基于 LC 型谐振槽的双全桥 DC-DC 变换器软开关解决方案

图 5.12 给出了一种基于不对称 CLLC 型谐振槽的双全桥 DC-DC 变换器软开关解决方案。在不同功率传输方向中,均采用变频调制,逆变侧开关管采用占空比为 50% 的方波驱动,整流侧开关管采用附加的谐振信号驱动。与 LC 型变换器类似,逆变侧开关管可以实现 ZVS,而整流侧开关管可以实现 ZCS。

在上述探讨的基础上,一些文献探讨了基于对称谐振槽的双全桥 DC-DC 变换器软开关解决方案。图 5.13 给出了一种基于对称 CLLC 型谐振槽的双全桥 DC-DC 变换器软开关解决方案。与图 5.12 的不对称 CLLC 型变换器类似,在不同的功率传输方向中,变换器均采用变频调制,逆变侧开关管采用占空比为 50% 的方波驱动,而整流侧开关工作在同步整流状态。对于逆变侧开关管可以实现 ZVS,

而整流侧开关管具有软换流能力。变换器可以达到较高的效率,并且在不同的功率传输方向下,变换器的工作和效率基本一致。

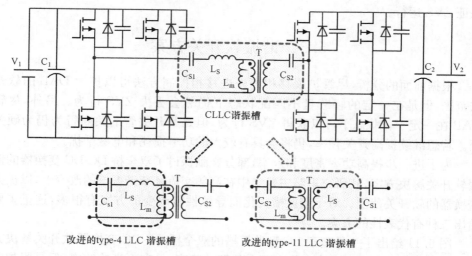

改进的type-4 LLC 谐振槽　　改进的type-11 LLC 谐振槽

图 5.12　基于不对称 CLLC 型谐振槽的双全桥 DC-DC 变换器软开关解决方案

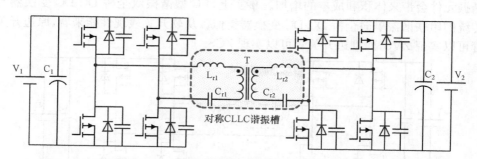

对称CLLC谐振槽

图 5.13　基于对称 CLLC 型谐振槽的双全桥 DC-DC 变换器软开关解决方案

　　表 5.1 对上述三种典型软开关解决方案进行了对比。从表 5.1 可以看出,采用不同的方案,控制策略不同,进而也会导致不同的软开关特性。相比普通和 LC 型谐振变换器的移相控制,CLLC 型谐振变换器采用变频调制,增加了控制难度,并且 CLLC 型谐振槽需要更多的谐振元件。另外,从双向功率流的切换速度来看,改变 CLLC 型谐振变换器的功率流方向需要改变全桥所处的工作状态,而 LC 型谐振变换器可以通过移相角进行简单控制,因此具有更快的动态响应。尽管如此,从软开关范围来看,CLLC 型谐振变换器具有更宽的软开关范围,因此更适合于需要宽电压和宽功率调节范围的应用场合。在 CLLC 型谐振变换器中,由于变压器匝数和谐振槽不对称,不对称型变换器在功率传输方向不同时的工作状态是不同的。

表 5.1　双全桥 DC-DC 变换器的三种典型谐振软开关解决方案对比

解决方案	控制方法	驱动信号	软开关特性	软开关范围	谐振元件	动态性能
LC 型	移相调制	方波	原边 ZVS 副边 ZCS	窄	一个电容	快
不对称 CLLC 型	变频调制	逆变:方波 整流:谐振信号	逆变:ZVS 整流:ZCS	宽	两个电容 一个电感	慢
对称 CLLC 型	变频调制	逆变:方波 整流:同步整流	逆变:ZVS 整流:软换流	宽	两个电容 一个电感	慢

事实上,上述谐振型双全桥 DC-DC 变换器虽然与 DAB 在结构上类似,但是其工作原理和控制方式却是不同的。谐振型变换器主要采用单侧移相 PWM 控制,一侧全桥工作在逆变状态,另一侧工作在整流状态。而 DAB 采用双主动移相,两侧全桥均工作在逆变器状态,通过调节两个高频逆变交流电压之间的相位来调整功率流大小和方向。

总体来说,谐振型双全桥 DC-DC 变换器具有更好的软开关特性,可以进一步提高工作频率,其功率密度和效率较高,但是控制较复杂,适合于低压和中小功率应用场合。事实上,在中高压和中大功率应用场合,如果考虑变压器的电气绝缘等问题,变换器功率密度与开关频率的相关性将会减弱,所以如果不考虑进一步提高开关频率,DAB 将会具有竞争优势。另外,由于采用双主动移相控制,DAB 的动态响应速度较快,对于具有快速功率管理和电压控制模式切换的应用场合也具有竞争优势。

5.4　本 章 小 结

本章主要对 DAB 的软开关特性进行了分析。当两端直流电压与变压器变比匹配或者不匹配但是重载情况下,DAB 的所有开关管工作在 ZVS 开通和硬关断状态,所有二极管工作在硬开通和 ZCS 关断状态。当两端直流电压与变压器变比匹配并且轻载状态下,DAB 开关管的 ZVS 开通行为可能会丢失,将会产生开关管的硬开通和二极管硬关断损耗,使得变换器损耗增加,效率降低。扩展移相控制可以有效增大 SPS 控制的软开关范围,减小开关损耗。谐振型双全桥 DC-DC 变换器具有更好的软开关特性,可以进一步提高工作频率,其功率密度和效率较高,但是控制要复杂。事实上,在中高压和中大功率应用场合,如果考虑到变压器的电气绝缘等问题,变换器功率密度与开关频率的相关性将会减弱,所以如果不考虑进一步提高开关频率,DAB 将会具有竞争优势。

第6章 双主动全桥变换器的死区效应与功率校正模型

在第2章中给出了DAB的基本原理分析,以及DAB的一些通用性规律。但是,上述对DAB的分析均是在不考虑死区效应的理想情况下得到的。而在实际工作中,为了防止桥臂直通,必须在开关管中增加死区时间,这样会导致变换器开关特性的改变。尤其是在高频和轻载状态下,死区时间在开关周期内的占比越大,对开关特性的影响越明显。

6.1 电压极性反转和相位漂移现象

图6.1给出了DAB在实际工作中存在的实验现象。从图中可以看出,对于开关波形,变压器的原边电压极性突然改变,经一段时间后回归正常,在此状态中,电压与电流极性相反,本书定义此现象为电压极性反转现象;而对于传输功率,当 $D=0$ 时,$P<0$,并且在一定范围内保持恒定,本书定义此现象为相位漂移现象。电压极性反转和相位漂移现象均与2.1节的理论模型存在差异。事实上,电压极性反转现象将会增加回流功率、减小伏秒时间、降低变换器的效率等表现性能,而相位漂移现象会降低DAB的功率计算精度,进一步也影响变换器的参数设计。

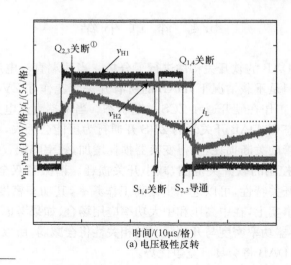

(a) 电压极性反转

---

① $Q_{2,3}$ 关断表示 Q_2 和 Q_3 关断,其他物理量符号含义同此,下同。

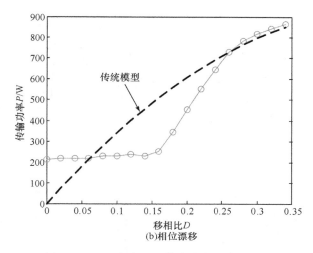

图 6.1　DAB 在实际工作中存在的实验现象

本章将对 DAB 的死区效应进行系统分析,给出死区时间引起的电压极性反转以及电压暂落等现象;在此基础上,对变换器的开关和传输功率特性进行校正,帮助研究者解释实验过程中存在的一些特殊现象,并且为实际应用中 DAB 的功率预测和参数设计提供更加精确的模型和规律。

6.2　开关特性校正

DAB 的开关特性可以分为三种状态:①升压状态($k<1$);②降压状态($k>1$);③匹配状态($k=1$)。其中,$k=V_1/(nV_2)$,定义为电压变换比。在不同状态下,DAB 的开关特性不同。

6.2.1　升压状态

1) 模式 1

当 $D\geqslant M$、$i_L(t_1)\geqslant 0$ 并且 $t_2-t_1\geqslant MT_{hs}$ 时,DAB 的工作波形如图 6.2(a)所示。其中,M 为死区时间在半个开关周期的等效占空比。

在 t_0 时刻之前,开关管 S_1 和 S_4 导通,电流 i_L 方向为正。在 t_0 时刻,Q_2 和 Q_3 被关断,由于死区的存在,Q_1 和 Q_4 没有导通。因此,在 V_1 侧,电流流过 S_1 和 S_4;在 V_2 侧,电流流过 M_1 和 M_4。电感 L 的电压为 $V_1-nV_2<0$,电流 i_L 线性减小。当 S_1 和 S_4 被关断时,此暂态结束,并且在此暂态中 Q_1 和 Q_4 导通。暂态 $t_0\sim t_1$ 下 DAB 的等效电路如图 6.3(a)所示。

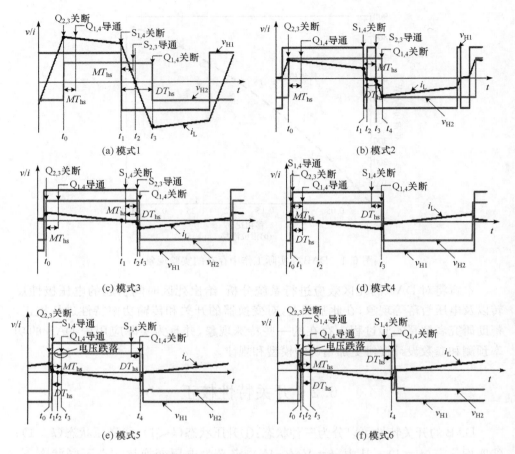

图 6.2　DAB 在 $k<1$ 时的工作波形

在 t_1 时刻，S_1 和 S_4 被关断。由于电流 i_L 方向为正，在 V_1 侧，电流由电感 L 经过 D_1 和 D_2 流向 V_1；在 V_2 侧，电路运行情况与暂态 $t_0 \sim t_1$ 相同。电感电压为 $-V_1 - nV_2$，电流 i_L 继续线性减小。当 $i_L = 0$ 时，此暂态结束。由于 $t_2 - t_1 \geqslant MT_{hs}$，在此暂态中 S_2 和 S_3 导通。暂态 $t_1 \sim t_2$ 下 DAB 的等效电路如图 6.3(b)所示。根据上述分析，此暂态中，DAB 中主要存在回流功率，这将会导致较高的电流应力和较低的效率。

在 t_2 时刻，i_L 方向由正变为负。在 V_1 侧，电流由 V_1 经过 S_2 和 S_3 流向 L；在 V_2 侧，电流流过 Q_1 和 Q_4。电感电压仍为 $-V_1 - nV_2$，但是电流 i_L 由正向减小变为反向增大。但 Q_1 和 Q_4 被关断时，此暂态结束。暂态 $t_2 \sim t_3$ 下 DAB 的等效电路如图 6.3(c)所示。

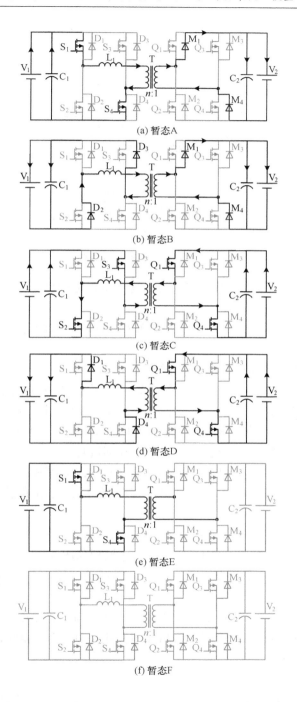

(a) 暂态A

(b) 暂态B

(c) 暂态C

(d) 暂态D

(e) 暂态E

(f) 暂态F

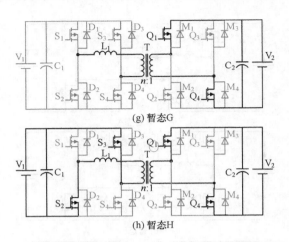

(g) 暂态G

(h) 暂态H

图 6.3　DAB 在各暂态下的等效电路

在下半个开关周期时,电路分析类似,这里不再进行重复叙述。

2) 模式 2

当 $D \geqslant M$、$i_L(t_1) \geqslant 0$ 并且 $t_2 - t_1 < MT_{hs}$ 时,DAB 的工作波形如图 6.2(b)所示。

在 t_2 时刻之前,电路运行情况与模式 1 相同。由于 $t_2 - t_1 < MT_{hs}$,S_2 和 S_3 在 t_2 没有导通。因此 $t_2 \sim t_3$ 中,在 V_1 侧,电流由 L 经过 D_1 和 D_4 流向 V_1;在 V_2 侧,电流由 V_2 经过 Q_1 和 Q_4 流向 L。电感电压为 $V_1 - nV_2$,由于 $k < 1$,电流在反方向线性增大。当 S_2 和 S_3 被导通时,此暂态结束。暂态 $t_2 \sim t_3$ 下 DAB 的等效电路如图 6.3(d)所示。此暂态中,变换器中仍然存在回流功率。

在 $t_3 \sim t_4$ 中,由于 S_2 和 S_3 被导通,电路运行情况与模式 1 中的 $t_2 \sim t_3$ 类似。

从图 6.2(b)中可以看出,由于死区的存在,在 DAB 的工作波形中出现了电压极性反转现象。

3) 模式 3

当 $D \geqslant M$ 并且 $i_L(t_1) < 0$ 时,DAB 的工作波形如图 6.2(c)所示。由于时间标示的变化,在图 6.2(b)中的限制条件 $i_L(t_1) < 0$ 等价于图 6.2(c)中的 $t_1 - t_0 < (1 - D)T_{hs}$。

在暂态 $t_0 \sim t_1$ 中,由于 $i_L(t) > 0$,电路运行情况与模式 2 中 $t_0 \sim t_1$ 相同。在暂态 $t_1 \sim t_3$ 中,由于 $i_L(t) < 0$,电路运行情况与模式 2 中 $t_2 \sim t_3$ 相同,并且 S_1 和 S_4 在 $t_1 \sim t_2$ 中被关断。

4) 模式 4

当 $D < M$、$i_L(t_1) \geqslant 0$ 并且 $t_2 - t_0 \geqslant MT_{hs}$ 时,DAB 的工作波形如图 6.2(d)所示。

在暂态 $t_0 \sim t_1$ 中,由于 $i_L(t) > 0$,S_1 和 S_4 没有导通,电路运行情况与模式 1 和 2 中的 $t_1 \sim t_2$ 相同。在暂态 $t_1 \sim t_3$ 中,由于 S_1 和 S_4 导通,电路运行情况与模式 3 中的 $t_0 \sim t_2$ 相同。并且由于 $t_2 - t_0 \geqslant MT_{hs}$,$Q_1$ 和 Q_4 在 $t_1 \sim t_2$ 中被关断,S_1 和 S_4 在 $t_2 \sim t_3$ 中被关断。

5) 模式 5

当 $D < M$、$i_L(t_1) \geqslant 0$ 并且 $t_2 - t_0 < MT_{hs}$ 时,DAB 的工作波形如图 6.2(e) 所示。

在暂态 $t_0 \sim t_2$ 中,电路运行情况与模式 4 中的 $t_0 \sim t_2$ 相同。但是由于 $t_2 - t_0 < MT_{hs}$,Q_1 和 Q_4 在 t_2 时刻没有导通。因此,在 V_1 侧,全桥 H_1 工作在空载逆变状态;在 V_2 侧,全桥 H_2 停止工作。电感电压为 0,电流也为 0。当 Q_1 和 Q_4 导通时,此暂态结束。暂态 $t_2 \sim t_3$ 下 DAB 的等效电路如图 6.3(e) 所示。

在暂态 $t_3 \sim t_4$ 中,由于 Q_1 和 Q_4 导通,运行情况与模式 4 中的 $t_2 \sim t_3$ 相同。

从图 6.2(e) 中可以看出,由于 $V_1 < nV_2$,在 $t_2 - t_3$ 间高频交流电压 v_{H2} 出现电压暂降现象。

6) 模式 6

当 $D < M$ 并且 $i_L(t_1) < 0$ 时,DAB 的工作波形如图 6.2(f) 所示。由于时间标示的变化,图 6.2(e) 中的限制条件 $i_L(t_1) < 0$ 等价于图 6.2(f) 中的 $t_1 - t_0 < (M - D)T_{hs}$。

在暂态 $t_0 \sim t_1$ 中,电路运行情况与模式 5 中的 $t_0 \sim t_1$ 相同。但是由于 $t_1 - t_0 < (M - D)T_{hs}$,$S_1$ 和 S_4 在 t_1 时刻没有导通。因此,全桥 H_1 和 H_2 均停止工作。电感电压为 0,电流也为 0。当 S_1 和 S_4 导通时,此暂态结束。暂态 $t_1 \sim t_2$ 下 DAB 的等效电路如图 6.3(f) 所示。

在暂态 $t_2 \sim t_4$ 中,由于 S_1 和 S_4 导通,电路运行情况与模式 5 中的 $t_2 \sim t_4$ 相同。

从图 6.2(f) 中可以看出,在 $t_1 \sim t_2$ 间高频交流电压 v_{H1} 和 v_{H2} 均跌落为 0。

根据上述分析,2.1 节中的开关特性仅仅是 DAB 中的一种情况。由于死区效应的影响,DAB 中还可能出现电压极性反转以及电压跌落等现象。

6.2.2　降压状态

与 6.2.1 节的分析类似,可以对 $k > 1$ 状态进行分析,图 6.4 给出了 DAB 在 $k > 1$ 状态下的工作波形。

1) 模式 1

当 $D \geqslant M$、$i_L(t_0) \geqslant 0$ 并且 $t_2 - t_1 \geqslant MT_{hs}$ 时,DAB 的工作波形如图 6.4(a) 所示。

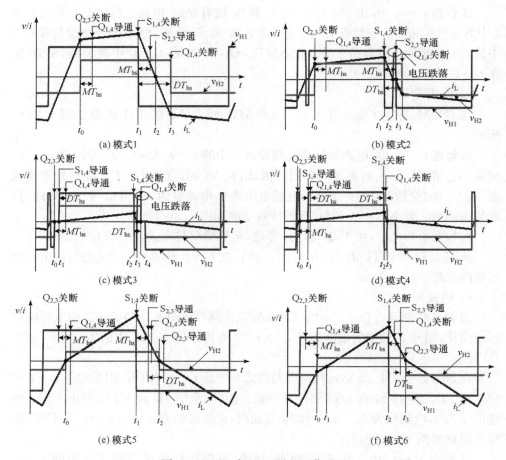

图 6.4　DAB 在 $k>1$ 时的工作波形

由于电压变换比 k 发生了变化，在暂态 $t_0 \sim t_1$ 中，电流 i_L 由线性减小变成线性增大，但是换流行为并没有发生变化，与升压状态的模式 1 相同。

2）模式 2

当 $D \geqslant M$、$i_L(t_0) \geqslant 0$ 并且 $t_2 - t_1 < MT_{hs}$ 时，DAB 的工作波形如图 6.4（b）所示。

在暂态 $t_2 \sim t_3$ 中，由于 $V_1 > nV_2$，D_1 和 D_2 关断。在变压器的原边，全桥 H_1 停止工作，全桥 H_2 工作在空载逆变状态。电感 L 的电压为 0，电流 $i_L = 0$，等效电路如图 6.3（g）所示。从图中可以看出，此暂态会减小伏秒积，但是不会产生回流功率。另外，由于 $nV_2 < V_1$，在 $t_2 \sim t_3$ 间 V_1 存在电压跌落现象。

在暂态 $t_0 \sim t_2$ 和 $t_3 \sim t_4$ 中，电路换流行为与升压状态的模式 2 相同。

3) 模式 3

当 $D<M$、$i_L(t_0) \geqslant 0$ 并且 $t_3 - t_2 \leqslant DT_{hs}$ 时,DAB 的工作波形如图 6.4(c)所示。

在 t_0 以前,电流已经减小到 0,原边全桥 H_1 停止工作,副边全桥 H_2 工作在空载逆变状态,Q_2 和 Q_3 导通。在 t_0 时刻,Q_2 和 Q_3 被关断,两个全桥均停止工作。等效电路如图 6.3(f)所示。

在暂态中,由于 S_1 和 S_4 被导通,电路与上一个模式中的 $t_0 \sim t_3$ 具有相同的工作状态。

4) 模式 4

当 $D<M$、$i_L(t_0) \geqslant 0$ 并且 $t_3 - t_2 > DT_{hs}$ 时,DAB 的工作波形如图 6.4(d)所示。

事实上,当 $t_3 - t_2 = DT_{hs}$ 时,模式 3 中的暂态 $t_3 \sim t_4$ 将会消失。由于暂态 $t_2 \sim t_3$ 中 $i_L > 0$,无论 Q_1 和 Q_4 是否被关断,DAB 的换流行为不会发生改变。因此,在模式 4 中,换流行为将与模式 3 中 $t_3 - t_2 = DT_{hs}$ 时相同。

5) 模式 5

事实上,模式 2、3 和 4 仅仅在模式 1 中 $i_L(t_0) \geqslant 0$ 时存在。当模式 1 中 $i_L(t_0) < 0$ 时,DAB 的工作波形如图 6.4(e)所示。模式 5 仅仅当 $D \geqslant D_0 - M$ 时存在,其中 D_0 使得 $i_L(t_0) = 0$。

当 $D = D_0$ 时,模式 1 中的暂态 $t_2 \sim t_3$ 将会消失。当 $D < D_0$ 并且 $D \geqslant D_0 - M$ 时,由于 $i_L > 0(t_0$ 以前)时 Q_1 和 Q_4 被关断,所以在暂态 $t_0 \sim t_1$ 中换流行为不会发生变化。另外,在暂态 $t_1 \sim t_2$ 中,由于 $i_L > 0(t_2$ 以前)时 Q_2 和 Q_3 被关断,所以在换流行为上也不会发生变化。因此,在模式 5 中,电路的换流行为将与模式 1 中 $D = D_0$ 时相同。

6) 模式 6

当 $i_L(t_0) < 0$ 并且 $D < D_0 - M$ 时,DAB 的工作波形如图 6.4(f)所示。

由于当 $i_L < 0$ 时 Q_1 和 Q_4 被导通,所以在暂态 $t_0 \sim t_1$ 中,原边侧电流经过 D_1 和 D_4 由 L 到 V_1,副边侧电流经过 Q_1 和 Q_4 由 V_2 到 V_1,等效电路如图 6.3(d)所以。从中可以看出,此暂态将会产生回流功率。

在暂态 $t_1 \sim t_3$ 中,由于 $i_L > 0$ 且 Q_2 和 Q_3 被关断,电路工作状态与模式 5 中 $t_0 \sim t_2$ 相同。

6.2.3　匹配状态

1) 模式 1

当 $i_L(t_0) \geqslant 0$ 并且 $t_2 - t_1 \geqslant MT_{hs}$ 时,DAB 的工作波形如图 6.5(a)所示。由于 $k=1$,电流 i_L 在 $t_0 \sim t_1$ 间保持恒定值。换流行为与升压和降压状态下的模式 1 相同。

2) 模式 2

当 $i_L(t_0) \geqslant 0$ 并且 $t_2 - t_1 < MT_{hs}$ 时，DAB 的工作波形如图 6.5(b)所示。换流行为仍然与降压状态下的模式 2 相同。但是由于 $k=1$，在 $t_2 \sim t_3$ 间没有电压跌落现象。

3) 模式 3

当 $i_L(t_0) < 0$ 时，DAB 的工作波形如图 6.5(c)所示。换流行为仍然与降压状态下的模式 2 相同。但是由于 $k=1$，在 $t_2 \sim t_3$ 间没有电压跌落现象。

在暂态 $t_0 \sim t_2$ 中，由于 Q_1 和 Q_4 关断，电路运行情况与升压状态下模式 6 的 $t_1 \sim t_3$ 相同。但是由于 $k=1$，在暂态 $t_1 \sim t_2$ 中不存在电压跌落现象。

在 t_2 时刻，Q_1 和 Q_4 被导通，由于 $k=1$，电感 L 两端的电压仍为 0，电流 $i_L = 0$，等效电流如图 6.2(d)所示。

在暂态 $t_3 \sim t_4$ 中，由于 S_1 和 S_4 关断，电路运行情况与降压状态下模式 3 的 $t_3 \sim t_4$ 相同。但是由于 $k=1$，在暂态 $t_1 \sim t_2$ 中不存在电压跌落现象。

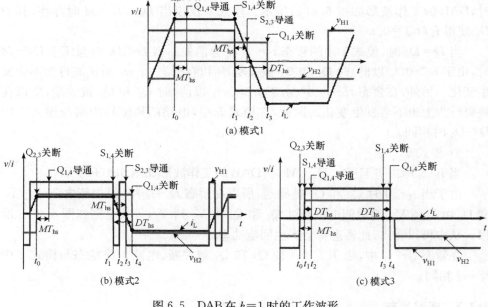

图 6.5　DAB 在 $k=1$ 时的工作波形

6.3　传输功率特性校正

根据上述分析，同 2.1 节的计算，可以推导出各模式下的传输功率模型，表 6.1～表 6.3 分别归纳了 $k<1$、$k>1$ 和 $k=1$ 状态下的开关和传输功率特性。

表 6.1　DAB 在 $k<1$ 时的开关和传输功率特性

模式	限制条件	时间	暂态电路	传输功率
1	$\dfrac{k(2M-1)+2M+1}{2}\leqslant D\leqslant 1$	$t_0\sim t_1$ $t_1\sim t_2$ $t_2\sim t_3$	A B C	$\dfrac{4DT_{hs}V_1^2(1-D)}{4Lk}$
2	$\dfrac{k(2M-1)+1}{2}\leqslant D$ $<\dfrac{k(2M-1)+2M+1}{2}$	$t_0\sim t_1$ $t_1\sim t_2$ $t_2\sim t_3$ $t_3\sim t_4$	A B D C	$\dfrac{T_{hs}V_1^2}{4Lk}\{4D(1-D)+[(2M-1)^2k^2$ $-(2M-2D+1)^2]\}$
3	$M\leqslant D<\dfrac{k(2M-1)+1}{2}$	$t_0\sim t_1$ $t_1\sim t_2$ $t_2\sim t_3$	A D C	$\dfrac{T_{hs}V_1^2}{4L}\dfrac{4D(1-D)+4M(2D-M-1)}{k}$
4	$\dfrac{2M-1+k}{2k}\leqslant D<M$	$t_0\sim t_1$ $t_1\sim t_2$ $t_2\sim t_3$	B A D	$\dfrac{T_{hs}V_1^2}{4L}\dfrac{4D(1+D)+4M(M-2D-1)}{k}$
5	$\dfrac{2M-1+k}{k+1}\leqslant D<\dfrac{2M-1+k}{2k}$	$t_0\sim t_1$ $t_1\sim t_2$ $t_2\sim t_3$ $t_3\sim t_4$	B A E D	$\dfrac{T_{hs}V_1^2}{4L}\left[\dfrac{4D(1+D)+4M(M-2D-1)}{k}\right.$ $\left.+\dfrac{4(M-D)(2kD-2M-k+1)}{k(k-1)}\right]$
6	$0\leqslant D<\dfrac{2M-1+k}{k+1}$	$t_0\sim t_1$ $t_1\sim t_2$ $t_2\sim t_3$ $t_3\sim t_4$	B F E D	$\dfrac{T_{hs}V_1^2}{4L}\left[\dfrac{4(1-M)^2(k-1)}{k(k+1)}\right]$

表 6.2　DAB 在 $k>1$ 时的开关和传输功率特性

模式	限制条件	时间	暂态电路	传输功率
1	$M\leqslant[k(2M-1)+2M+1]/2\leqslant D\leqslant 1$ 或 $M<(k-1)/(2k)\leqslant D\leqslant 1$	$t_0\sim t_1$ $t_1\sim t_2$ $t_2\sim t_3$	A B C	$\dfrac{4DT_{hs}V_1^2(1-D)}{4Lk}$
2	$M\leqslant D<\dfrac{k(2M-1)+2M+1}{2}$	$t_0\sim t_1$ $t_1\sim t_2$ $t_2\sim t_3$ $t_3\sim t_4$	A B G C	$\dfrac{T_{hs}V_1^2}{4L}\left\{\dfrac{4D(1-D)}{k}\right.$ $\left.+\dfrac{4(1-D)[k(1-2M)+2D-2M-1]}{k(k+1)}\right\}$
3	$\dfrac{(k-1)(1-M)}{k+1}\leqslant D<M$	$t_0\sim t_1$ $t_1\sim t_2$ $t_2\sim t_3$ $t_2\sim t_3$	F A B G	$\dfrac{T_{hs}V_1^2}{4L}\left[\dfrac{4(1-M)^2(k-1)}{k(k+1)}\right]$
4	$0\leqslant D<\dfrac{(k-1)(1-M)}{k+1}\leqslant M$	$t_0\sim t_1$ $t_1\sim t_2$ $t_2\sim t_3$	F A B	$\dfrac{T_{hs}V_1^2}{4L}\left[\dfrac{4(1-M)^2(k-1)}{k(k+1)}\right]$

续表

模式	限制条件	时间	暂态电路	传输功率
5	$0<[k(1-2M)-1]/(2k)$ $\leqslant D<(k-1)/(2k)$	$t_0 \sim t_1$ $t_1 \sim t_2$	A B	$\dfrac{T_{hs}V_1^2}{4L}\left[\dfrac{4(1-M)^2(k-1)}{k(k+1)}\right]$
6	$0\leqslant D<\dfrac{k(1-2M)-1}{2k}$	$t_0 \sim t_1$ $t_1 \sim t_2$ $t_2 \sim t_3$	D A B	$\dfrac{4T_{hs}V_1^2(D+M)(1-D-M)}{4Lk}$

表 6.3　DAB 在 $k=1$ 时的开关和传输功率特性

模式	限制条件	时间	暂态电路	传输功率
1	$2M\leqslant D\leqslant 1$	$t_0 \sim t_1$ $t_1 \sim t_2$ $t_2 \sim t_3$	A B C	$\dfrac{T_{hs}V_1^2}{4L}\left[4D(1-D)\right]$
2	$M\leqslant D<2M$	$t_0 \sim t_1$ $t_1 \sim t_2$ $t_2 \sim t_3$ $t_3 \sim t_4$	A B G C	$\dfrac{T_{hs}V_1^2}{4L}\left[8(1-D)(D-M)\right]$
3	$0\leqslant D<M$	$t_0 \sim t_1$ $t_1 \sim t_2$ $t_2 \sim t_3$ $t_3 \sim t_4$	F E H G	0

图 6.6 给出了考虑死区效应情况下的 DAB 传输功率特性曲线。图中,统一传输功率 $p=4PL/(T_{hs}V_1^2)$。从图中可以得到一些规律。在 $k<1$ 时:①传输功率与移相比 D 并不是理想的正弦关系,且不关于 $D=0.5$ 对称;②由于死区的存在,传输功率零点在 $D=M$ 处取得,而并不是传统功率模型中的 $D=0$;③当 $D<M$ 时传输功率为负并且在一定范围内保持恒定,即此时调节移相比对传输功率没有影响,而并不是传统功率模型中的严格线性关系。在 $k>1$ 时,传输功率恒大于 0,且在 $D<M$ 时保持恒定。在 $k=1$ 时,传输功率在 $D<M$ 时保持为 0。

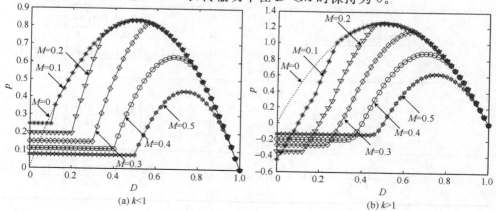

(a) $k<1$　　　　　　　　　(b) $k>1$

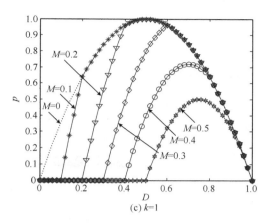

(c) $k=1$

图 6.6　考虑死区效应情况下的 DAB 传输功率特性曲线

事实上,相比传统的工频交流电力系统,在 DAB 中,功率传输也处于高频状态,与开关频率处于同一个时间量级,因此,死区在 DAB 中的影响相比工频交流系统是更大的,尤其是在轻载状态下。对 DAB 死区效应模型的建立,也是对其理论基础的一个补充。

6.4　实　验　研　究

本节主要对上述 DAB 死区效应进行实验分析和验证。实验中,开关频率选择 20kHz,变压器变比 $n=1.53$。

6.4.1　开关特性实验

闭环控制 DAB 的输入和输出端电压分别为 183V 和 149V,即 $k=183/(1.53×149)≈0.803<1$。调节死区时间和移相比,得到 $k<1$ 时的实验波形如图 6.7 所示。从图中可以看出,随着死区时间和移相比的变化,开关特性发生了变化;不仅存在 2.1 节中所述的理论波形,而且存在电压极性反转、电压暂落以及相位漂移现象,这些现象会进一步导致传输功率特性的变化。

图 6.8 给出了 DAB 在 $k>1$ 时的实验波形。在图 6.8(a)~(e)中,输入和输出电压分别控制为 183V 和 104V,即 $k=183/(1.53×104)≈1.150>1$;在图 6.8(f)中,输入输出电压分别控制为 202V 和 104V,即 $k=202/(1.53×104)≈1.269>1$。从图中看出,随着电压变换比 k 的变化,工作波形也发生了变化。实验中,D 在一定范围变化时,开关波形始终保持如图 6.8(e)所示。另外,$k>1$ 时,DAB 中仍存在电压极性反转、电压暂落以及相位漂移现象。

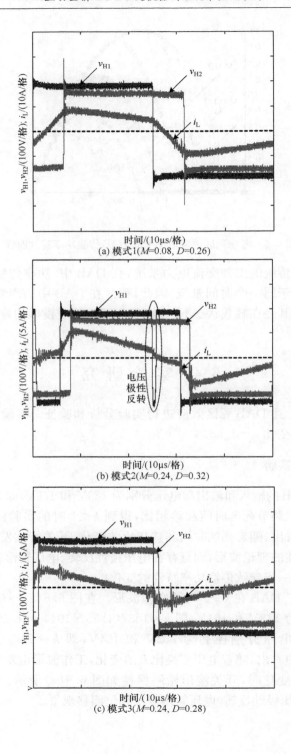

(a) 模式1(M=0.08, D=0.26)

(b) 模式2(M=0.24, D=0.32)

(c) 模式3(M=0.24, D=0.28)

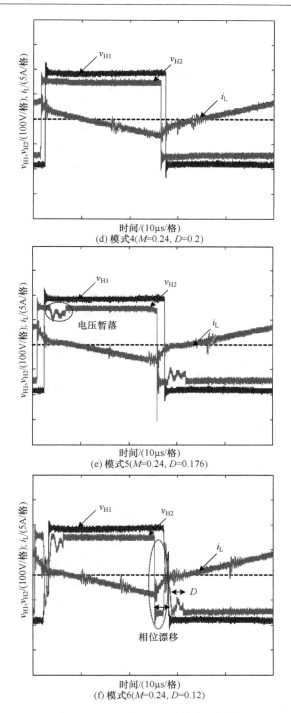

(d) 模式4(M=0.24, D=0.2)

(e) 模式5(M=0.24, D=0.176)

(f) 模式6(M=0.24, D=0.12)

图 6.7　DAB 在 k<1 时的实验波形

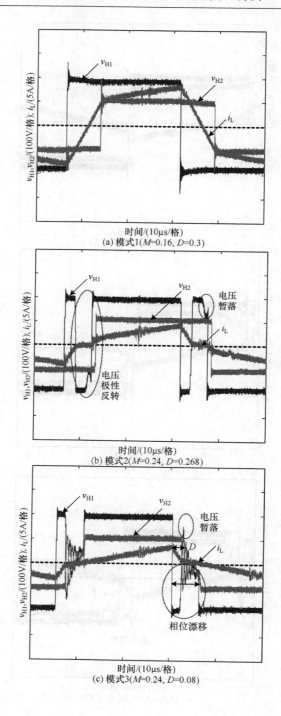

(a) 模式1(M=0.16, D=0.3)

(b) 模式2(M=0.24, D=0.268)

(c) 模式3(M=0.24, D=0.08)

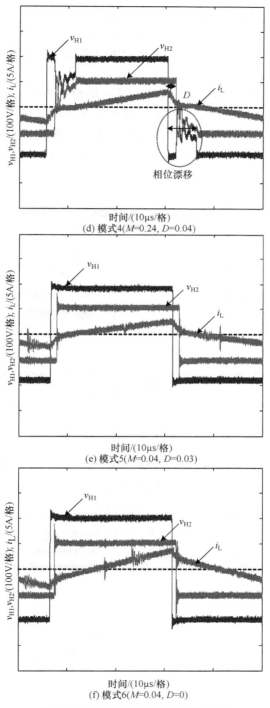

图 6.8　DAB 在 $k>1$ 时的实验波形

　　闭环控制 DAB 的输入和输出端电压分别为 183V 和 120V,即 $k=183/(1.53 \times$ 120)≈ 1。图 6.9 给出了 DAB 在 $k=1$ 时的实验波形。相比 $k>1$ 和 $k<1$ 状态,由于 $V_1=nV_2$,在图 6.9 中不存在电压暂落和相位漂移现象,在 $D<M$ 时,电流 i_L 保持为 0。

　　根据上述实验分析,DAB 的开关特性并不是始终如 2.1 节中的传统模型,而是随着移相比 D 和电压变换比 k 的变化而变化;本节的实验结果与前面的理论分析一致,这些分析可以帮助研究者解释实验过程中存在的一些特殊现象。

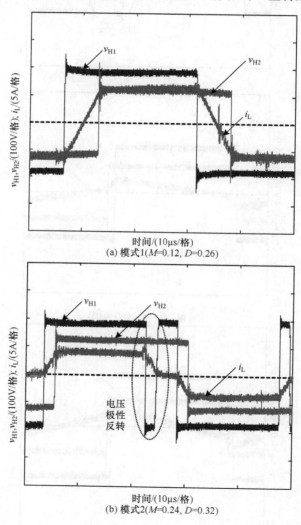

(a) 模式1(M=0.12, D=0.26)

(b) 模式2(M=0.24, D=0.32)

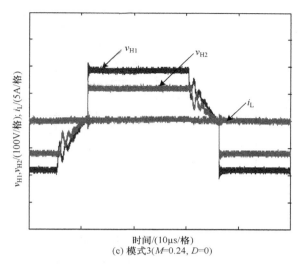

时间/(10μs/格)

(c) 模式3(M=0.24, D=0)

图 6.9　DAB 在 $k=1$ 时的实验波形

6.4.2　传输功率特性实验

在实验中,始终在 DAB 的输出侧测量功率。图 6.10～图 6.12 分别给出了在 $k<1$、$k>1$ 和 $k=1$ 时 DAB 的传输功率实验结果。

从图中可以看出,由于死区效应的影响,DAB 在实际工作过程中的传输功率特性与传统传输功率模型存在较大差距。传输功率特性曲线并不是严格的增函数。事实上,根据 6.4.1 节的开关特性实验,开关特性的改变将会导致传输功率

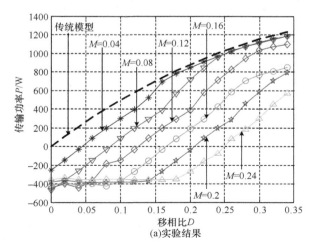

移相比D

(a)实验结果

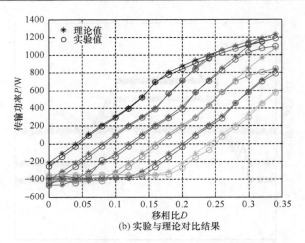

(b) 实验与理论对比结果

图 6.10　DAB 在 $k<1$ 时的传输功率实验结果

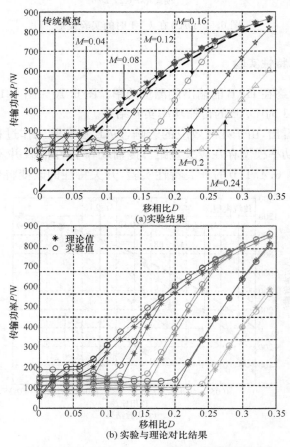

图 6.11　DAB 在 $k>1$ 时的传输功率实验结果

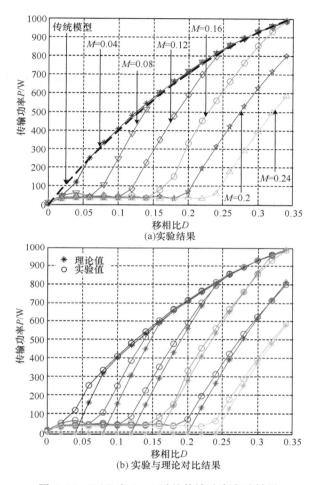

图 6.12　DAB 在 $k=1$ 时的传输功率实验结果

特性的改变,如电压极性反转现象将会导致回流功率的增加,电压暂落现象将会消耗传输功率的伏秒时间,而相位漂移将会导致传输功率的零点漂移。对于 $k>1$,在移相比 D 的一定调节范围内,传输功率保持恒定并且有 $P<0$;而对于 $k<1$ 和 $k=0$ 状态分别为 $P>0$ 和 $P=0$。另外,对于不同的死区时间,传输功率特性也不同。

从图 6.10～图 6.12 的实验和理论对比结果中可知,相比传统功率模型,本章的传输功率校正模型具有更高的精度,可以为实际应用中 DAB 的功率预测和参数设计提供更加精确的参考。

6.5　本章小结

　　本章主要是对 DAB 的死区效应进行了系统的理论研究与实验验证,提出了 DAB 在实际工作中存在的电压极性反转、电压跌落以及相位漂移现象,校正了开关特性和功率模型,分析表明:改进的开关特性和功率模型与实验结果具有很好的一致性,可帮助研究者解释实际过程中遇到的特殊现象,并为 DAB 的功率预测和参数设计提供了更加精确的模型。

第7章　双主动全桥变换器的暂态特性与优化调制

在第 2 章的理论分析中,均认为变压器原副边电压在一个开关周期内的伏秒积为零。基于此前提,流过变压器的电流将不会存在直流偏置。但是,在实际应用中,尤其是暂态过程时,此前提将无法得到满足。本章主要对 DAB 的暂态特性进行分析。

7.1　暂态直流偏置和电流冲击效应

图 7.1 给出了 DAB 在实际工作中的暂态波形。在 $t=t_0$ 时刻,DAB 被启动,高频链电压间的移相角度发生突变。从图中可以看出,高频链电流中存在暂态冲击和直流偏置现象。高频链电流的平均值由 0 变化到 I_{Tdc},最大值变化到 I_M,这将会使得开关管电流应力增大,影响变换器的安全运行。事实上,暂态直流偏置和电流冲击是造成 DAB 在启动和功率流方向切换时保护和故障的主要原因。

另外,需要指出的是,在实际设备中,由于变压器存在损耗,直流偏置会逐渐被消除。但是,如果在仿真中设置变压器为理想变压器,则会出现高频链电流一直偏离零点的现象。

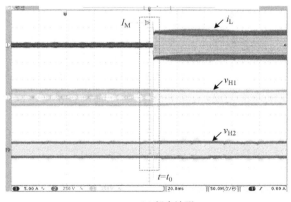

(a) 暂态波形

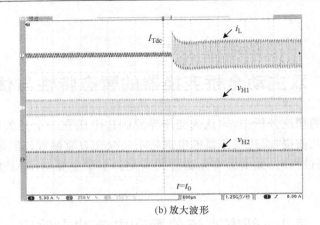

(b) 放大波形

图 7.1　DAB 启动时的暂态实验波形

7.2　暂态特性描述

由于正向功率流和反向功率流方向时的暂态特性类似,本节主要以正向功率流方向为例进行分析。在正向功率流时,超前电压 v_{H1} 的相位固定,滞后电压 v_{H2} 的相位变化以调节输出电压或功率流大小。

7.2.1　功率突增

DAB 功率突增时的高频链暂态波形如图 7.2(a) 所示。对于初始开关周期 ST1 为 $\Delta t_1 = D_1 T_{hs}$,对于第二个开关周期 ST2 为 $\Delta t_2 = D_2 T_{hs}$。由于功率突增,有 $0 \leqslant D_1 < D_2$,可得

$$T'_{hs} = T_{hs} + \Delta t_2 - \Delta t_1 = (1 + D_2 - D_1) T_{hs} > T_{hs} \tag{7.1}$$

根据式(7.1),暂态过程中,变压器原副边侧的电压并不对称,因此变压器电压在一个开关周期的伏秒积并不为 0,从而导致暂态直流偏置 I_{Tdc}。根据图 7.2(a),可得

$$\begin{cases} i_L(t_0) = \dfrac{nV_2}{4f_s L}(1 - k - 2D_1) \\[2mm] i_L(t_1) = i_L(t_0) + \dfrac{V_1 + nV_2}{L}\Delta t_2 \\[2mm] i_L(t_2) = i_L(t_1) + \dfrac{V_1 - nV_2}{L}(T_{hs} - \Delta t_2) \\[2mm] i_L(t_3) = i_L(t_2) + \dfrac{-V_1 - nV_2}{L}\Delta t_2 \\[2mm] i_L(t_4) = i_L(t_3) + \dfrac{-V_1 + nV_2}{L}(T_{hs} - \Delta t_2) \end{cases} \tag{7.2}$$

根据式(7.2),可以得到高频链各峰值电流为

$$\begin{cases} I_1 = \dfrac{nV_2}{4f_sL}[1-k-2D_1+2D_2(k+1)] \\[3mm] I_2 = \dfrac{nV_2}{4f_sL}(k-1-2D_1+4D_2) \\[3mm] I_3 = \dfrac{nV_2}{4f_sL}[(k-1)(1-2D_2)-2D_1] \\[3mm] I_4 = \dfrac{nV_2}{4f_sL}(1-k-2D_1) \end{cases} \tag{7.3}$$

因此,暂态直流偏置 I_{Tdc} 为

$$I_{\text{Tdc}} = \frac{i_L(t_1)+i_L(t_3)}{2} = \frac{nV_2}{4f_sL}[2(D_2-D_1)] \tag{7.4}$$

由于暂态直流偏置的产生,高频链峰值电流增加,从而在开关管上产生了电流冲击 I_1 和 I_2,威胁变换器的安全运行。由式(7.4)可以看出,暂态直流偏置主要与两个开关周期之间移相比的增量(D_2-D_1)有关。

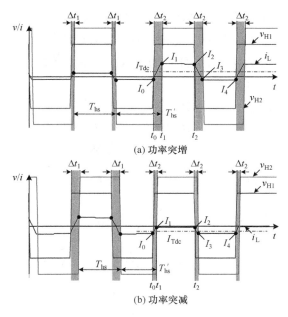

(a) 功率突增

(b) 功率突减

图 7.2 DAB 功率突变时的暂态特性

7.2.2　功率突减

DAB 功率突减时的高频链暂态波形如图 7.2(b)所示。对于初始开关周期 ST1 为 $\Delta t_1 = D_1 T_{hs}$，对于第二个开关周期 ST2 为 $\Delta t_2 = D_2 T_{hs}$。由于功率突减，有 $0 \leqslant D_2 < D_1$，可得

$$T'_{hs} = T_{hs} + \Delta t_2 - \Delta t_1 = (1 + D_2 - D_1) T_{hs} < T_{hs} \tag{7.5}$$

与 7.2.1 节的分析类似，变压器原副边侧的电压也不对称，因此变压器电压在一个开关周期的伏秒积并不为 0，从而导致暂态直流偏置 I_{Tdc}。相比功率突增状态，功率突减状态时不会产生电流冲击。但是，其电流峰值仍旧大于第 2 章中的理论状态。

功率突减状态下，各电流峰值和暂态直流偏置表达式与式(7.3)和式(7.4)相同。但是由于 $0 \leqslant D_2 < D_1$，暂态直流偏置主要与两个开关周期之间移相比的减量 $(D_2 - D_1)$ 有关。另外，暂态直流偏置的极性由正变为负。

7.3　暂态优化调制

为了减小 DAB 暂态过程中的直流偏置和电流冲击，本节提出一种改进的暂态优化调制方法，如图 7.3 所示。超前电压 v_{H1} 的相位仍旧固定，但是滞后电压 v_{H2} 的相位改变量被分为两部分，分别增加在一个周期的上下沿。在图 7.3 中，$\Delta t_1 = D_1 T_{hs}$，$\Delta t_2 = D_2 T_{hs}$，$\Delta t'_2 = D'_2 T_{hs}$，可得

$$\begin{cases} T'_{hs0} = T_{hs} + \Delta t'_2 - \Delta t_1 = (1 + D'_2 - D_1) T_{hs} \\ T''_{hs0} = T_{hs} - \Delta t'_2 + \Delta t_2 = (1 - D'_2 + D_2) T_{hs} \end{cases} \tag{7.6}$$

根据式(7.6)，式(7.1)和式(7.5)中的不对称周期被分为两部分，有

$$\begin{cases} i_L(t_0) = -\dfrac{nV_2}{4f_s L}(2D_1 - 1 + k) \\[2mm] i_L(t_1) = i_L(t_0) + \dfrac{V_1 + nV_2}{L}\Delta t'_2 \\[2mm] i_L(t_2) = i_L(t_1) + \dfrac{V_1 - nV_2}{L}(T_{hs} - \Delta t'_2) \\[2mm] i_L(t_3) = i_L(t_2) + \dfrac{-V_1 - nV_2}{L}\Delta t_2 \\[2mm] i_L(t_4) = i_L(t_3) + \dfrac{-V_1 + nV_2}{L}(T_{hs} - \Delta t_2) \end{cases} \tag{7.7}$$

根据式(7.7)，可以得到高频链各峰值电流为

$$\begin{cases} I_1 = \dfrac{nV_2}{4f_sL}\left[1-k-2D_1+2(k+1)D_2'\right] \\[2mm] I_2 = \dfrac{nV_2}{4f_sL}(k-1-2D_1+4D_2') \\[2mm] I_3 = \dfrac{nV_2}{4f_sL}\left[k-1-2D_1+4D_2'-2D_2(k+1)\right] \\[2mm] I_4 = \dfrac{nV_2}{4f_sL}(1-k-2D_1+4D_2'-4D_2) \end{cases} \tag{7.8}$$

因此，暂态直流偏置 I_{Tdc} 为

$$I_{\mathrm{Tdc}} = \frac{i_{\mathrm{L}}(t_2)+i_{\mathrm{L}}(t_4)}{2} = \frac{nV_2}{4f_sL}(4D_2'-2D_1-2D_2) \tag{7.9}$$

为了消除暂态直流偏置，令 $I_{\mathrm{Tdc}}=0$，有

$$D_2' = \frac{D_1+D_2}{2} \tag{7.10}$$

结合式(7.6)和式(7.10)，有

$$T_{\mathrm{hs0}}'' = T_{\mathrm{hs0}}' = \left(1+\frac{D_2-D_1}{2}\right)T_{\mathrm{hs}} \tag{7.11}$$

从式(7.9)～式(7.11)可以看出，在暂态优化调制下，变压器电压在一个周期内保持对称，暂态直流偏置也被消除。

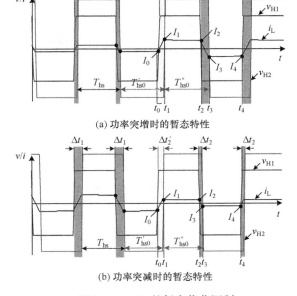

(a) 功率突增时的暂态特性

(b) 功率突减时的暂态特性

图 7.3　DAB 的暂态优化调制

7.4 电流应力对比

本节采用高频链各峰值电流中的最大值来描述暂态过程中的电流冲击效应,有

$$
\begin{cases}
I_{\max}=\max\{I_1,I_2,I_3,I_4\}, & \text{式(4.3)中} \\
I'_{\max}=\max\{I_1,I_2,I_3,I_4\}, & \text{式(4.8)中}
\end{cases}
\tag{7.12}
$$

在不同电压变换比 $k=V_1/(nV_2)$ 下, $I_{\max}$ 和 $I'_{\max}$ 的取值会有所不同,本节中令 $k=1$,其他情况可以类似分析。图 7.4 给出了电流应力比($G=I_{\max}/I'_{\max}$)随移相比的变化曲线。从图中可以看出,暂态状态不同时,电流应力比值不同:在 $0\leqslant D_1<D_2$ 状态下,对于给定的 D_1, G 随着的 D_2 增大而增大;在 $0\leqslant D_2<D_1$ 状态下,对于给定的 D_1, G 随着的 D_2 减小而增大。但是,无论何种工作状态,电流应力比始终大于 1,这说明了 7.3 节提出的暂态优化调制在所有工作状况下都具有比传统调制方案更小的电流冲击。

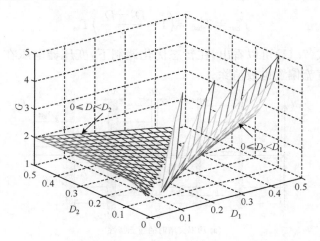

图 7.4 电流应力对比特性

7.5 实验研究

本节主要对上述 DAB 的暂态特性进行实验分析和验证。实验中,开关频率选择 20kHz,变压器变比 $n=1$,直流端电压 $V_1=V_2=100\text{V}$。

7.5.1　传统调制的暂态实验

图 7.5 给出了传统调制下正向功率流时的暂态实验波形。功率突增时,移相比由 0.1 变化到 0.3;功率突减时,移相比由 0.3 变化到 0.1。从图中可以看出,随着移相比的变化,DAB 的工作波形发生了变化,并且与第 2 章稳态时的原理波形不一致。在功率突增和突减状态下均存在暂态直流偏置。当功率突增时,存在明显的电流冲击,威胁变换器的安全运行。当功率突减时,不存在电流冲击。但是相比 $D=0.1$ 时的稳态状态,暂态值仍旧增大了。

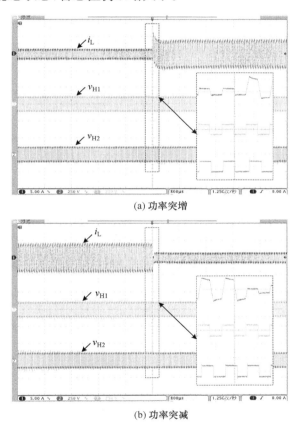

(a) 功率突增

(b) 功率突减

图 7.5　传统调制下正向功率流时 DAB 的暂态波形

图 7.6 给出了传统调制下反向功率流时的暂态实验波形。图 7.7 给出了传统调制下功率流方向切换时的暂态波形。从图中可以看出,暂态波形与正向功率流时类似,均存在暂态直流偏置和电流冲击现象。

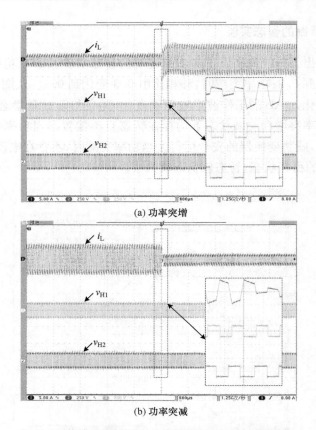

(a) 功率突增

(b) 功率突减

图 7.6　传统调制下反向功率流时 DAB 的暂态波形

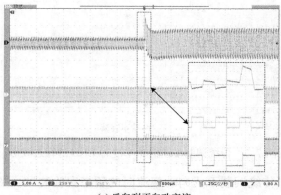

(a) 反向到正向功率流

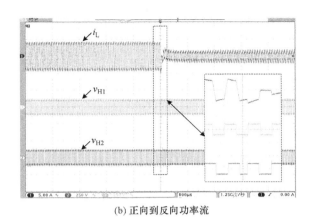

(b) 正向到反向功率流

图 7.7　传统调制下功率流方向切换时 DAB 的暂态波形

7.5.2　优化调制的暂态实验

图 7.8～图 7.10 给出了优化调制下各种工作状态的暂态实验波形。从图中可以看出,高频链电流在一个开关周期内对称,暂态直流偏置被消除,电流冲击也显著降低。另外,变换器在半个周期内就可以恢复到稳定状态,因此优化调制也有效地提高了 DAB 的动态响应速度。

7.5.3　电流应力对比实验

图 7.11 给出了各种工作状态下的电流应力对比实验结果。在图 7.11(a)中,目标移相比 D_2 固定为 0.24,初始移相比 D_1 从 0 到 0.24 以及从 0.24 到 0.48 以模拟正向功率流时的功率突增和突减状态。在图 7.11(b)中,目标移相比 D_2 固定为 -0.24,初始移相比 D_1 从 0 到 -0.24 以及从 -0.24 到 -0.48 以模拟反向功率流时的功率突增和突减状态。在图 7.11(c)中,目标移相比 D_2 固定为 0.08,初始移相比 D_1 从 0 到 -0.24 以模拟功率流由反向切换到正向;目标移相比 D_2 固定为 -0.08,初始移相比 D_1 从 0 到 0.24 以模拟功率流由正向切换到反向。

从图 7.11 中可以看出,对于传统调制方法及相同的目标移相比 D_2,电流应力随着初始移相比 D_1 的变化而变化,尤其是随着移相比变化量 $|D_2-D_1|$ 的增加而增加。另外,优化调制方法的电流应力始终小于传统调制方法的电流应力。并且,对于相同的目标移相比 D_2,优化调制的电流应力基本保持恒定,而不随着初始移相比 D_1 的变化而变化。

根据本章的理论和实验分析,相比稳态下的调制方法,暂态优化调制可以消除 DAB 的暂态直流偏置,减小电流冲击,并且有效加快动态响应速度。

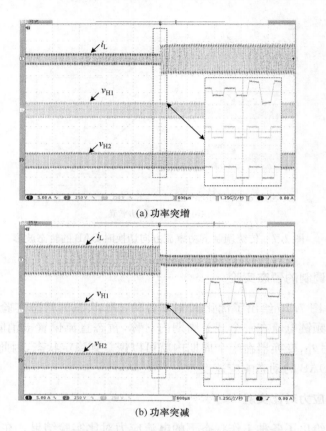

(a) 功率突增

(b) 功率突减

图 7.8　优化调制下正向功率流时 DAB 的暂态波形

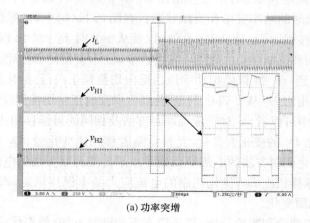

(a) 功率突增

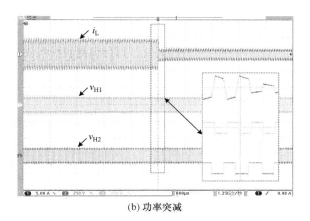

(b) 功率突减

图 7.9　优化调制下反向功率流时 DAB 的暂态波形

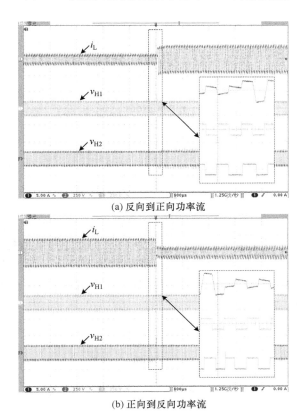

(a) 反向到正向功率流

(b) 正向到反向功率流

图 7.10　优化调制下功率流方向切换时 DAB 的暂态波形

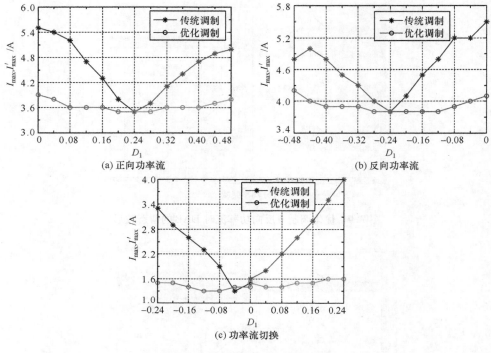

图 7.11　电流应力对比实验结果

7.6　本章小结

本章主要对 DAB 的暂态特性进行了系统的理论研究与实验验证,提出了一种暂态优化调制方法,分析表明:若在暂态过程中,仍使用传统的稳态调制方法,将会导致暂态直流偏置,并会带来电流冲击,威胁变换器安全运行。相比稳态下的调制方法,暂态优化调制可以消除 DAB 的暂态直流偏置,减小电流冲击,并且有效加快动态响应速度。

第 8 章　双主动全桥变换器的损耗特性分析方法

本章主要对 DAB 的损耗特性进行分析,尤其是针对 SPS、EPS、DPS 以及 TPS 等不同的移相控制方式,给出一种通用的损耗计算方法,为 DAB 的工程设计提供有效的分析工具。

8.1　DAB 的特征电流描述

8.1.1　DAB 的开关函数定义

本章对 DAB 的各环节电气参数进行详细定义,各标示如图 8.1 所示。

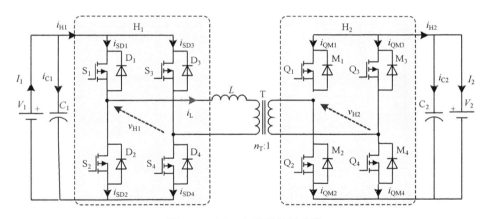

图 8.1　DAB 电路及关键参数

根据第 4 章的分析,对于 SPS、EPS、DPS 以及 TPS 等不同的移相调制方法均可以采用统一形式进行描述,如图 8.2 所示。对于 DAB,定义开关函数如式(8.1)所示。当开关管 S_i 或 Q_i 的驱动脉冲导通时,令 $S_i=1$ 或 $Q_i=1$;当开关管 S_i 或 Q_i 的驱动脉冲关断时,令 $S_i=0$ 或 $Q_i=0$。

$$\begin{cases} S_i=1 \text{ 或 } Q_i=1, & \text{开关管 } S_i \text{ 或 } Q_i \text{ 驱动脉冲使能} \\ S_i=1 \text{ 或 } Q_i=0, & \text{开关管 } S_i \text{ 或 } Q_i \text{ 驱动脉冲关断} \end{cases} \tag{8.1}$$

则对于原边侧全桥 H_1 中各开关管的开关函数可以描述如下:

$$\begin{cases} S_1 = \dfrac{1}{2} + \displaystyle\sum_{n=1,3,5,\cdots} \dfrac{2}{n\pi}\sin\left[n\left(\omega_0 t - \dfrac{\alpha_1}{2}\right)\right] \\[3mm] S_2 = \dfrac{1}{2} - \displaystyle\sum_{n=1,3,5,\cdots} \dfrac{2}{n\pi}\sin\left[n\left(\omega_0 t - \dfrac{\alpha_1}{2}\right)\right] \\[3mm] S_3 = \dfrac{1}{2} - \displaystyle\sum_{n=1,3,5,\cdots} \dfrac{2}{n\pi}\sin\left[n\left(\omega_0 t + \dfrac{\alpha_1}{2}\right)\right] \\[3mm] S_4 = \dfrac{1}{2} + \displaystyle\sum_{n=1,3,5,\cdots} \dfrac{2}{n\pi}\sin\left[n\left(\omega_0 t + \dfrac{\alpha_1}{2}\right)\right] \end{cases} \tag{8.2}$$

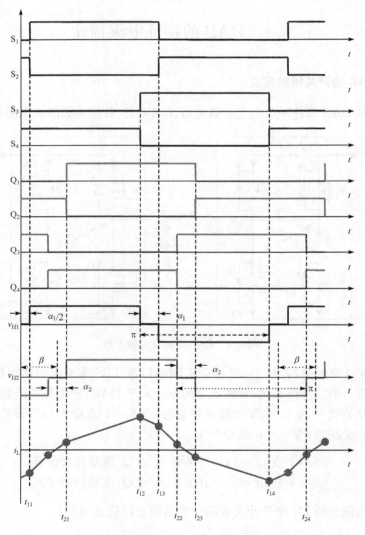

图 8.2　移相控制统一描述及开关函数

则对于副边侧全桥 H_2 中各开关管的开关函数可以描述如下：

$$\begin{cases} Q_1 = \dfrac{1}{2} + \displaystyle\sum_{n=1,3,5,\cdots} \dfrac{2}{n\pi}\sin\left[n\left(\omega_0 t - \dfrac{\alpha_2}{2} - \beta\right)\right] \\[3mm] Q_2 = \dfrac{1}{2} - \displaystyle\sum_{n=1,3,5,\cdots} \dfrac{2}{n\pi}\sin\left[n\left(\omega_0 t - \dfrac{\alpha_2}{2} - \beta\right)\right] \\[3mm] Q_3 = \dfrac{1}{2} - \displaystyle\sum_{n=1,3,5,\cdots} \dfrac{2}{n\pi}\sin\left[n\left(\omega_0 t + \dfrac{\alpha_2}{2} - \beta\right)\right] \\[3mm] Q_4 = \dfrac{1}{2} + \displaystyle\sum_{n=1,3,5,\cdots} \dfrac{2}{n\pi}\sin\left[n\left(\omega_0 t + \dfrac{\alpha_2}{2} - \beta\right)\right] \end{cases} \tag{8.3}$$

另外，定义整个全桥的开关函数如式(8.4)所示。当全桥的交流侧输出电压 v_{H1} 或 v_{H2} 为正电平时，令 $H_1=1$ 或 $H_2=1$；当 v_{H1} 或 v_{H2} 为零电平时，令 $H_1=0$ 或 $H_2=0$；当 v_{H1} 或 v_{H2} 为负电平时，令 $H_1=-1$ 或 $H_2=-1$。

$$\begin{cases} H_1=1 \text{ 或 } H_2=1, \quad v_{H1} \text{ 或 } v_{H2} \text{ 为正电平} \\ H_1=0 \text{ 或 } H_2=0, \quad v_{H1} \text{ 或 } v_{H2} \text{ 为零电平} \\ H_1=-1 \text{ 或 } H_2=-1, \quad v_{H1} \text{ 或 } v_{H2} \text{ 为负电平} \end{cases} \tag{8.4}$$

则对于整个全桥的开关函数可以描述如下：

$$\begin{cases} H_1 = \displaystyle\sum_{n=1,3,5,\cdots} \dfrac{4}{n\pi}\cos\left(n\dfrac{\alpha_1}{2}\right)\sin(n\omega_0 t) \\[3mm] H_2 = \displaystyle\sum_{n=1,3,5,\cdots} \dfrac{4}{n\pi}\cos\left(n\dfrac{\alpha_2}{2}\right)\sin[n(\omega_0 t - \beta)] \end{cases} \tag{8.5}$$

8.1.2　通态电流统一模型

根据上述分析，DAB 的高频链电压可以表示为

$$\begin{cases} v_{H1}(t) = H_1 V_1 = \displaystyle\sum_{n=1,3,5,\cdots} \dfrac{4V_1}{n\pi}\cos\left(n\dfrac{\alpha_1}{2}\right)\sin(n\omega_0 t) \\[3mm] v_{H2}(t) = H_2 V_2 = \displaystyle\sum_{n=1,3,5,\cdots} \dfrac{4V_2}{n\pi}\cos\left(n\dfrac{\alpha_2}{2}\right)\sin[n(\omega_0 t - \beta)] \end{cases} \tag{8.6}$$

对于高频链电流，也就是流过高频链电感和变压器的电流，有

$$i_L(t) - i(0) = \int_0^t \frac{v_{H1}(t) - n_T v_{H2}(t)}{L}\mathrm{d}t \text{ 且 } i_L\left(\frac{\pi}{\omega_0}\right) = -i_L(0) \tag{8.7}$$

可得

$$i_L = \sum_{n=1,3,5,\cdots} \frac{4}{n^2\pi\omega_0 L}\sqrt{A^2+B^2}\sin\left(n\omega_0 t + \arctan\frac{A}{B}\right) \tag{8.8}$$

其中

$$\begin{cases} A = n_T V_2\cos\left(n\dfrac{\alpha_2}{2}\right)\cos(n\beta) - V_1\cos\left(n\dfrac{\alpha_1}{2}\right) \\[3mm] B = n_T V_2\cos\left(n\dfrac{\alpha_2}{2}\right)\sin(n\beta) \end{cases} \tag{8.9}$$

图 8.3 给出了各元件的电流波形,对于原边侧全桥 H_1 中流过各开关管和二极管的电流可以描述如下:

$$\begin{cases} i_{SD1} = S_1 i_L \\ i_{SD2} = -S_2 i_L \\ i_{SD3} = -S_3 i_L \\ i_{SD4} = S_4 i_L \end{cases} \tag{8.10}$$

对于副边侧全桥 H_2 中流过各开关管和二极管的电流可以描述如下:

$$\begin{cases} i_{QM1} = -n_T Q_1 i_L \\ i_{QM2} = n_T Q_2 i_L \\ i_{QM3} = n_T Q_3 i_L \\ i_{QM4} = -n_T Q_4 i_L \end{cases} \tag{8.11}$$

对于全桥 H_1 和 H_2 的直流侧电流可以描述如下:

$$\begin{cases} i_{H1} = H_1 i_L \\ i_{H2} = n_T H_2 i_L \end{cases} \tag{8.12}$$

根据式(8.12),流过两端直流电容的电流可以表示为

$$\begin{cases} i_{C1} = I_1 - i_{H1} = I_1 - H_1 i_L \\ i_{C2} = i_{H2} - I_2 = n_T H_2 i_L - I_2 \end{cases} \tag{8.13}$$

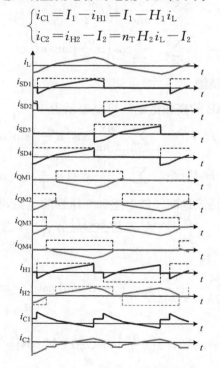

图 8.3　DAB 特征电流波形

8.1.3　开关电流统一模型

根据图 8.2,忽略死区时间的影响,表 8.1 给出了 DAB 在统一移相调制下的开关时刻电流模型。原边侧全桥 H_1 中 S_1 脉冲导通和 S_2 脉冲关断时刻为 $t_{11} = \alpha_1/(2\omega_0)$,$S_3$ 脉冲导通和 S_4 脉冲关断时刻为 $t_{12} = (\pi - \alpha_1/2)/\omega_0$,$S_1$ 脉冲关断和 S_2 脉冲导通时刻为 $t_{13} = (\pi + \alpha_1/2)/\omega_0$,$S_3$ 脉冲关断和 S_4 脉冲导通时刻为 $t_{14} = (2\pi - \alpha_1/2)/\omega_0$。同理,副边侧全桥 H_2 中 Q_1 脉冲导通和 Q_2 脉冲关断时刻为 $t_{21} = (\alpha_2/2 + \beta)/\omega_0$,$Q_3$ 脉冲导通和 Q_4 脉冲关断时刻为 $t_{22} = (\pi - \alpha_2/2 + \beta)/\omega_0$,$Q_1$ 脉冲关断和 Q_2 脉冲导通时刻为 $t_{23} = (\pi + \alpha_2/2 + \beta)/\omega_0$,$Q_3$ 脉冲关断和 Q_4 脉冲导通时刻为 $t_{24} = (2\pi - \alpha_2/2 + \beta)/\omega_0$。在明确各开关时刻后,可以根据式(8.8)所示的高频链电流统一模型得到各开关时刻的电流值。

表 8.1　DAB 的开关电流统一模型

H₁ 全桥开关电流模型				H₂ 全桥开关电流模型			
时间	弧度	开关管 脉冲变化	电流	时间	弧度	开关管 脉冲变化	电流
t_{11}	$\alpha_1/2$	$S_1:0 \to 1$ $S_2:1 \to 0$	$i_L(t_{11})$	t_{21}	$\alpha_2/2 + \beta$	$Q_1:0 \to 1$ $Q_2:1 \to 0$	$n_T i_L(t_{21})$
t_{12}	$\pi - \alpha_1/2$	$S_3:0 \to 1$ $S_4:1 \to 0$	$i_L(t_{12})$	t_{22}	$\pi - \alpha_2/2 + \beta$	$Q_3:0 \to 1$ $Q_4:1 \to 0$	$n_T i_L(t_{22})$
t_{13}	$\pi + \alpha_1/2$	$S_1:1 \to 0$ $S_2:0 \to 1$	$i_L(t_{13})$	t_{23}	$\pi + \alpha_2/2 + \beta$	$Q_1:1 \to 0$ $Q_2:0 \to 1$	$n_T i_L(t_{23})$
t_{14}	$2\pi - \alpha_1/2$	$S_3:1 \to 0$ $S_4:0 \to 1$	$i_L(t_{14})$	t_{24}	$2\pi - \alpha_2/2 + \beta$	$Q_3:1 \to 0$ $Q_4:0 \to 1$	$n_T i_L(t_{24})$

8.2　DAB 的通态损耗统一模型

8.2.1　开关管和二极管的通态损耗

根据 8.1 节的分析,已经得到了开关管和二极管的通态电流模型。在原边侧全桥 H_1 中,对于开关管 S_i 和二极管 D_i,如果 $i_{SDi} > 0$,则电流将流过开关管 S_i;如果 $i_{SDi} < 0$,则电流将流过二极管 D_i,可以得到:

$$\begin{cases} i_{Si} = \text{ABS}[i_{SDi}\,\text{sgn}(i_{SDi})] \\ i_{Di} = \text{ABS}[i_{SDi}\,\text{sgn}(-i_{SDi})] \end{cases} \tag{8.14}$$

其中,$\text{sgn}(x)$ 为符号函数,当 $x > 0$ 时为 1,否则为 0。$\text{ABS}(x)$ 为绝对值函数,目的是得到正向流过器件的电流。

对于副边侧全桥,分析结果类似,可以得到

$$\begin{cases} i_{Qi} = \mathrm{ABS}[i_{QMi}\,\mathrm{sgn}(i_{QMi})] \\ i_{Mi} = \mathrm{ABS}[i_{QMi}\,\mathrm{sgn}(-i_{QMi})] \end{cases} \tag{8.15}$$

在得到各器件的通态电流后,可以得到各器件的通态压降为

$$\begin{cases} v_{Si} = V_{S0} + R_S i_{Si} \\ v_{Di} = V_{D0} + R_D i_{Di} \\ v_{Qi} = V_{Q0} + R_Q i_{Qi} \\ v_{Mi} = V_{M0} + R_M i_{Mi} \end{cases} \tag{8.16}$$

其中,V_{S0}、V_{D0}、V_{Q0} 和 V_{M0} 分别为全桥 H1 和 H2 所使用开关管和二极管的阈值电压(threshhold voltage),R_S、R_D、R_Q 和 R_M 分别为对应开关管和二极管的斜率电阻(slope resistance)。这些参数可以根据器件制造商所提供的数据表数据得到,或者通过数据表所提供的器件导通特性曲线推算得到。

因此,对于 DAB 中开关管和二极管的通态损耗可以表示为

$$P_{\mathrm{cond1}} = \frac{1}{T_s}\int_0^{T_s}\Big[\sum_{i=1}^{4}(v_{Si}i_{Si} + v_{Di}i_{Di} + v_{Qi}i_{Qi} + v_{Mi}i_{Mi})\Big]\mathrm{d}t \tag{8.17}$$

其中,$T_s = 2T_{\mathrm{hs}}$ 为 DAB 的工作周期,也是开关管的开关周期。

8.2.2　变压器的通态损耗

变压器的通态损耗主要可以分为两类:铜损和铁损。铜损主要是电流通过绕组时在电阻上产生的损耗,其大小与电流的平方成正比。在一般性计算中,有

$$P_{\mathrm{copp}} = R_{\mathrm{copp}}I_{\mathrm{L\_rms}}^2 \tag{8.18}$$

其中,R_{copp} 为变压器的绕线电阻,$I_{\mathrm{L\_rms}}$ 为高频链电流的有效值,有

$$I_{\mathrm{L\_rms}}^2 = \sum_{n=1,3,5,\cdots}\left(\frac{2\sqrt{2}}{n^2\pi\omega_0 L}\sqrt{A^2+B^2}\right)^2 \tag{8.19}$$

铁损主要是指磁芯损耗,与磁通密度、材料常数、磁化频率、磁芯体积以及电压波形有关。为了简化分析,这里按照具有相同有效值的正弦电流进行计算,有

$$P_{\mathrm{core}} = mf_s\left(\frac{\mu_0}{g}N\sqrt{2}I_{\mathrm{L\_rms}}\right)^2 V_e = \frac{2mf_s\mu_0^2 N^2 V_e}{g^2}I_{\mathrm{rms}}^2 \tag{8.20}$$

其中,m 为协同系数,μ_0 为真空磁导率,g 为气隙,N 为绕线匝数,V_e 为有效体积,这些参数均可以从磁芯的 datasheet 中得到。

根据上述分析,变压器的损耗可以近似计算如下:

$$P_{\mathrm{TR}} = R_{\mathrm{TA}}I_{\mathrm{L\_rms}}^2 = (R_{\mathrm{copp}} + R_{\mathrm{core}})I_{\mathrm{L\_rms}}^2 \tag{8.21}$$

其中

$$R_{\mathrm{core}} = \frac{2mf_s\mu_0^2 N^2 V_e}{g^2} \tag{8.22}$$

8.2.3　电容的通态损耗

DAB 直流侧电解电容的损耗主要是电容产生的纹波电流引起电解电容发热

产生的。在近似计算中,电解电容内部可等效成串联一个电阻,其发热可等效成电阻发热,因此可计算如下:

$$P_C = R_{C1} I_{C1}^2 + R_{C2} I_{C2}^2 \tag{8.23}$$

其中,R_{C1} 和 R_{C2} 分别为原边和副边侧直流电容的等效损耗电阻,I_{C1} 和 I_{C2} 为纹波电流有效值,可以根据式(8.13)计算得到。

8.3 DAB 的开关损耗统一模型

8.3.1 DAB 的开关行为统一描述

根据 8.1 节的分析,已经得到了开关时刻的电流模型。不同开关时刻,对应不同的开关动作,并且当电流极性不同时,会导致不同的开关损耗。

在原边侧全桥 H_1 中,t_{11} 时刻,S_1 脉冲导通和 S_2 脉冲关断,此时如果 $i_L > 0$,则会产生 S_1 开通损耗和 D_2 关断损耗,如图 8.4(a)所示;如果 $i_L < 0$,则会产生 D_1 开通损耗和 S_2 关断损耗,如图 8.4(b)所示。

t_{12} 时刻,S_3 脉冲导通和 S_4 脉冲关断,此时如果 $i_L > 0$,则会产生 D_3 开通损耗和 S_4 关断损耗,如图 8.4(c)所示;如果 $i_L < 0$,则会产生 S_3 开通损耗和 D_4 关断损耗,如图 8.4(d)所示。

t_{13} 时刻,S_1 脉冲关断和 S_2 脉冲导通,此时如果 $i_L > 0$,则会产生 S_1 关断损耗和 D_2 导通损耗,如图 8.4(a)所示;如果 $i_L < 0$,则会产生 D_1 关断损耗和 S_2 开通损耗,如图 8.4(b)所示。

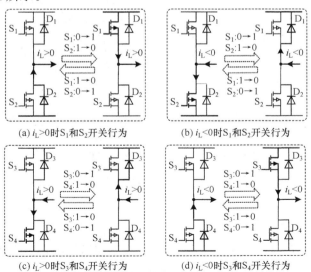

(a) $i_L > 0$ 时 S_1 和 S_2 开关行为　　(b) $i_L < 0$ 时 S_1 和 S_2 开关行为

(c) $i_L > 0$ 时 S_3 和 S_4 开关行为　　(d) $i_L < 0$ 时 S_3 和 S_4 开关行为

图 8.4　原边侧全桥 H_1 的开关行为

　　t_{14} 时刻，S_3 脉冲关断和 S_4 脉冲导通，此时如果 $i_L>0$，则会产生 D_3 关断损耗和 S_4 开通损耗，如图 8.4(c) 所示；如果 $i_L<0$，则会产生 S_3 关断损耗和 D_4 开通损耗，如图 8.4(d) 所示。

　　在副边侧全桥 H_2 中，t_{21} 时刻，Q_1 脉冲导通和 Q_2 脉冲关断，此时如果 $i_L>0$，则会产生 M_1 开通损耗和 Q_2 关断损耗，如图 8.5(a) 所示；如果 $i_L<0$，则会产生 Q_1 开通损耗和 M_2 关断损耗，如图 8.5(b) 所示。

　　t_{22} 时刻，Q_3 脉冲导通和 Q_4 脉冲关断，此时如果 $i_L>0$，则会产生 Q_3 开通损耗和 M_4 关断损耗，如图 8.5(c) 所示；如果 $i_L<0$，则会产生 M_3 开通损耗和 Q_4 关断损耗，如图 8.5(d) 所示。

　　t_{23} 时刻，Q_1 脉冲关断和 Q_2 脉冲导通，此时如果 $i_L>0$，则会产生 M_1 关断损耗和 Q_2 导通损耗，如图 8.5(a) 所示；如果 $i_L<0$，则会产生 Q_1 关断损耗和 M_2 开通损耗，如图 8.5(b) 所示。

　　t_{24} 时刻，Q_3 脉冲关断和 Q_4 脉冲导通，此时如果 $i_L>0$，则会产生 Q_3 关断损耗和 M_4 开通损耗，如图 8.5(c) 所示；如果 $i_L<0$，则会产生 M_3 关断损耗和 Q_4 开通损耗，如图 8.5(d) 所示。

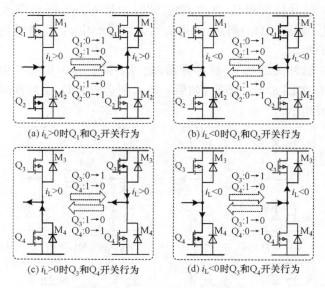

　　(a) $i_L>0$ 时 Q_1 和 Q_2 开关行为　　　　(b) $i_L<0$ 时 Q_1 和 Q_2 开关行为

　　(c) $i_L>0$ 时 Q_3 和 Q_4 开关行为　　　　(d) $i_L<0$ 时 Q_3 和 Q_4 开关行为

图 8.5　副边侧全桥 H_2 的开关行为

8.3.2　DAB 的开关损耗

　　根据 8.3.1 节分析，表 8.2 给出了 DAB 在不同运行状态下的开关行为。对于开关管，导通和关断的过程也都是非理想的，都分别有一个电压下降电流上升和电流上升电压下降的短暂重叠时间,这个时间内电压电流的乘积导致能量的损耗,也就是开关损耗。器件数据表中会提供开通过程能量(turn on loss)数据 $E_{\text{on\_nom}}$,以及关断过程能量(turn off loss)数据 $E_{\text{off\_nom}}$。数据表中 $E_{\text{on\_nom}}$ 和 $E_{\text{off\_nom}}$ 的参数通常是对应给定的电流条件(I_{nom})和电压条件(V_{nom})的,所以在实际计算开关能量时应根据开关时刻的电压 V_{ce} 和电流 I_{C} 进行折算后得到损耗能量,即

$$E_{\text{on}} = E_{\text{on\_nom}} \times \frac{I_{\text{C}}}{I_{\text{nom}}} \times \frac{V_{\text{ce}}}{V_{\text{nom}}} \tag{8.24}$$

$$E_{\text{off}} = E_{\text{off\_nom}} \times \frac{I_{\text{C}}}{I_{\text{nom}}} \times \frac{V_{\text{ce}}}{V_{\text{nom}}} \tag{8.25}$$

表 8.2　DAB 不同运行状态下的开关行为

H_1 全桥开关行为			H_2 全桥开关行为		
时间	电流方向	开关动作	时间	电流方向	开关动作
t_{11}	$i_{\text{L}}>0$	S_1 开通,D_2 关断	t_{21}	$i_{\text{L}}>0$	M_1 开通,Q_2 关断
	$i_{\text{L}}<0$	D_1 开通,S_2 关断		$i_{\text{L}}<0$	Q_1 开通,M_2 关断
t_{12}	$i_{\text{L}}>0$	D_3 开通,S_4 关断	t_{22}	$i_{\text{L}}>0$	Q_3 开通,M_4 关断
	$i_{\text{L}}<0$	S_3 开通,D_4 关断		$i_{\text{L}}<0$	M_3 开通,Q_4 关断
t_{13}	$i_{\text{L}}>0$	S_1 关断,D_2 开通	t_{23}	$i_{\text{L}}>0$	M_1 关断,Q_2 开通
	$i_{\text{L}}<0$	D_1 关断,S_2 开通		$i_{\text{L}}<0$	Q_1 关断,M_2 开通
t_{14}	$i_{\text{L}}>0$	D_3 关断,S_4 开通	t_{24}	$i_{\text{L}}>0$	Q_3 关断,M_4 开通
	$i_{\text{L}}<0$	S_3 关断,D_4 开通		$i_{\text{L}}<0$	M_3 关断,Q_4 开通

对于二极管,开通损耗较小,通常在计算中可以忽略,因此只考虑关断时反向恢复过程所引起的能量损耗。与开关管的损耗分析类似,器件数据表中通常会提供反向恢复能量(reverse recovery energy)的数据 $E_{\text{rec\_nom}}$,在实际计算开关能量时应根据开关时刻的电压 V_{F} 和电流 I_{F} 进行折算后得到损耗能量,即

$$E_{\text{rec}} = E_{\text{rec\_nom}} \times \frac{I_{\text{F}}}{I_{\text{Fnom}}} \times \frac{V_{\text{F}}}{V_{\text{Fnom}}} \tag{8.26}$$

在 DAB 中,对于开关时刻的电压相对简单,原边侧全桥中开关管和二极管的开关电压均为 V_1,副边侧全桥中开关管和二极管的开关电压均为 V_2。而对于开关时刻的电流,则可以根据表 8.1 和表 8.2 计算得到。对于 DAB 周期性的运行工况,将 1 个开关周期的所有开关过程的能量损耗相加,再折算到 1s 的损耗,就可以得到 DAB 开关功率损耗。

8.4　DAB 的损耗特性分析

8.4.1　分析计算参数

根据前面的分 0 析,在 MATLAB 中设计计算程序,可以对 DAB 的损耗特性进行分析。在本节中,DAB 的额定计算参数如下:额定功率 $P=100\text{kW}$,原边侧直流额定电压 760V,副边侧直流额定电压 380V,变压器变比 $n_\text{T}=2:1$,等效串联电感 $L=20\ \mu\text{H}$,开关频率 20kHz;原边侧全桥开关器件为 FF300R12MS4,副边侧全桥开关器件为 FF450R07ME4。根据开关器件的 datasheet,表 8.3 给出了器件在损耗计算中的关键参数。

表 8.3　开关器件的关键参数

参数	S_i 和 D_i	Q_i 和 M_i
开关管阈值电压 V_{S0},V_{Q0}/V	1.7	0.9
二极管阈值电压 V_{D0},V_{M0}/V	1.3	1
开关管斜率电阻 R_S,R_Q/Ω	0.0068	0.002
二极管斜率电阻 R_D,R_M/Ω	0.0023	0.0014
开关管标称开通能量 $E_{\text{on\_nom}}$/J	0.025	0.0046
开关管标称关断能量 $E_{\text{off\_nom}}$/J	0.015	0.03
二极管反向恢复能量 $E_{\text{rec\_nom}}$/J	0.015	0.01
开关能量标称电压 V_{nom}/V	600	300
开关能量标称电流 I_{nom}/A	300	450

8.4.2　特征电流计算结果

图 8.6 给出了额定功率下 DAB 的开关函数以及高频链电压和电流的计算波形。图 8.7 给出了对应的开关管、直流侧以及电容的特征电流的计算波形。此时,原边侧全桥各开关时刻电流为 $i_L(t_{11})=-19.3\text{A}$, $i_L(t_{12})=177.7\text{A}$, $i_L(t_{13})=-19.3\text{A}$, $i_L(t_{14})=-177.7\text{A}$;副边侧全桥开开关时刻电流为 $i_L(t_{21})=355.3\text{A}$, $i_L(t_{22})=-38.6\text{A}$, $i_L(t_{23})=-355.3\text{A}$, $i_L(t_{24})=38.6\text{A}$;高频链有效值电流 $I_{\text{L\_rms}}=156.0\text{A}$。在图 8.6 和图 8.7 中,DAB 采用双移相控制,内移相角 $\alpha_1=\alpha_2=\pi/12$,外移相角 $\beta=0.187\pi$。从图中可以看出,计算结果与前面的理论分析一致,通过这些计算结果可以进一步得到 DAB 的损耗计算结果。

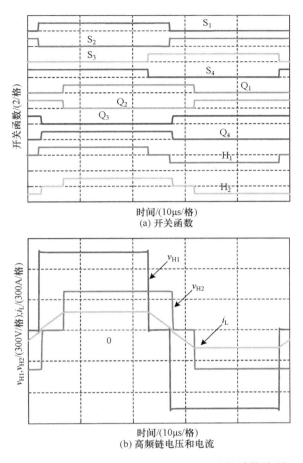

图 8.6　开关函数及高频链电压和电流的计算波形

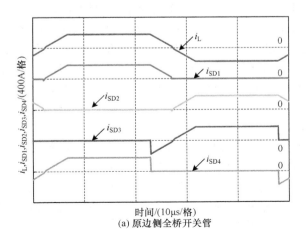

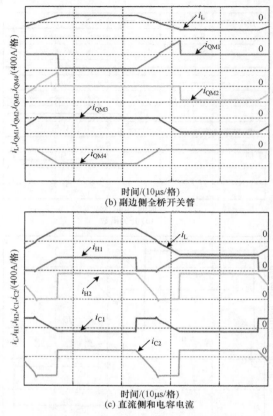

(b) 副边侧全桥开关管

时间/(10μs/格)
(c) 直流侧和电容电流

图 8.7　各环节特征电流的计算波形

8.4.3　DAB 的损耗分析

图 8.8(a)给出了本节设计的 DAB 中不同类型损耗随传输功率变化时的曲线。从图中可以看出,通态损耗和开关损耗均随着传输功率的增大而增大;在传输功率较小时,通态损耗略小于开关损耗;但是随着传输功率的增大,通态损耗增加速度要高于开关损耗的增加速度,因此变化为大于开关损耗。图 8.8(b)给出了效率随传输功率变化时的曲线。对于本节设计的 DAB,随着传输功率的增大,变换器的效率降低,峰值效率约为 97.3%。在图 8.8 中,主要是改变外移相角来改变传输功率,其他额定参数保持不变。

上述结果均是在端电压与变压器变比匹配时得到的,如果不匹配状态,变换器损耗特性会发生变化。改变 V_1 电压为 760×1.05=798V,其他参数不变,DAB 损耗和效率特性如图 8.9 所示。由于通态损耗主要与通态电流有关,当 V_1 较高时,通态电流略小,所以通态损耗减小;但是由于不匹配使得高频链峰值电流增大,所以开关损耗增大,传输功率较小时尤其明显。

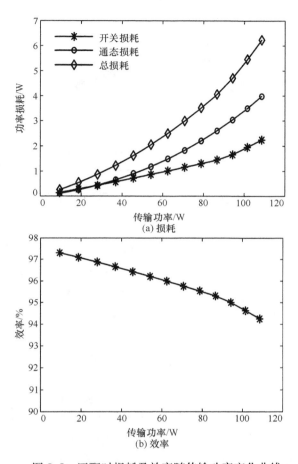

(a) 损耗

(b) 效率

图 8.8　匹配时损耗及效率随传输功率变化曲线

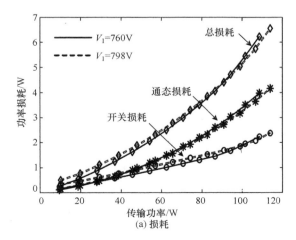

(a) 损耗

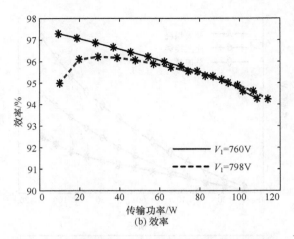

图 8.9　不匹配时损耗及效率随传输功率变化曲线

　　需要注意的是,针对不同应用场景的 DAB,变换器工作参数和运行状态会存在差异,所使用的器件也会存在差异,因此损耗特性也会存在差异,但是均可以采用本章的通用损耗分析方法进行分析,为 DAB 的工程设计提供参考。

8.5　本 章 小 结

　　本章主要对 DAB 的损耗特性进行了分析,尤其是基于 DAB 的开关函数定义,给出了其特征电流的统一模型,建立了 DAB 的通用损耗模型。对于不同应用场景的 DAB,以及 SPS、EPS、DPS 和 TPS 等不同的移相控制方式,该计算方法均适用。基于本章的分析方法,结合 MATLAB 等计算软件,可以设计 DAB 的计算分析程序,为 DAB 的工程设计提供有效的分析工具。

第 9 章　基于 SiC 的双主动全桥变换器及其设计

SiC 功率器件可以有效提高 DAB 的效率和功率密度,是解决 DAB 应用瓶颈的关键因素。本章重点对 SiC 功率器件在 DAB 中的应用特性进行实验研究,并提出 SiC-DAB 安全工作区以及统一离散化设计策略,为 SiC 在 DAB 中的应用提供实践基础。

9.1　Si-DAB 和 SiC-DAB 的比较分析

自 2011 年开始,作者所在课题组采用最新的 SiC-DMOS 样品以开展高频隔离功率转换系统的应用研究。出于了解和验证 SiC 工作特性的目的,对 Si-DAB 和 SiC-DAB 的损耗特性进行了对比分析,在此基础上搭建了对比样机,完成了基于 Si 和 SiC 全开关器件的 DAB 对比实验。

9.1.1　Si-DAB 和 SiC-DAB 损耗特性对比

根据第 8 章的损耗特性分析,可以将 DAB 的功率损耗进一步分为三类:通态损耗 P_{CON}、开关损耗 P_{SW}、磁性元件损耗 P_{TA}。其中,P_{CON}、P_{SW} 和 P_{TA} 分别与电感电流 i_L 的绝对平均值、峰值以及有效值相关。图 9.1(a)给出了 Si-DAB 和 SiC-DAB 的功率损耗对比。各项损耗均随着移相比的增大而增大。相比 Si 器件,SiC 具有更小的通态电阻、开关时间及能量,因此 SiC-DAB 的通态损耗及开关损耗均小于 Si-DAB,而磁性元件损耗相近。

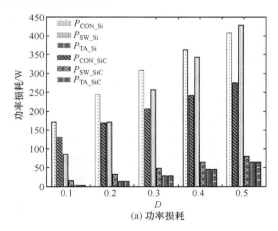

(a) 功率损耗

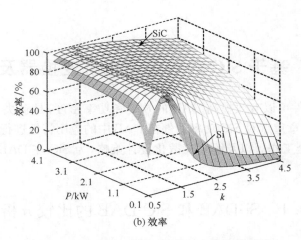

图 9.1　Si-DAB 和 SiC-DAB 损耗和效率特性对比

事实上,根据第 3 章和第 8 章的分析,当 DAB 的端电压与变压器的变比不匹配时,变换器中会产生很大的环流,进而使峰值电流增大,开关损耗增加。另外,对于相同的传输功率,不同的输入和输出电压也将导致不同的传导电流,进而导致不同的通态损耗。图 9.1(b)给出了 Si-DAB 和 SiC-DAB 的效率对比。从图中可以看出,效率随着电压变换比 k 和传输功率的变化而变化;在不同的运行点,SiC-DAB 效率总是高于 Si-DAB;另外,值得注意的是,对于不同的传输功率,总是存在一个最大效率运行点,且近似在 $k=1$ 处取得。

在图 9.1 中,除功率器件参数,两种变换器的其他参数均相同,均与 9.1.2 节的样机保持一致。

9.1.2　Si-DAB 和 SiC-DAB 对比样机设计

为了对比 Si 和 SiC 功率器件在 DAB 中的应用特性,本节分别搭建了 Si-DAB 和 SiC-DAB 的对比样机。

1) 功率器件特性对比

由于 SiC-DMOS 的主要替换目标定位在 Si-IGBT,因此,本节主要讨论 Si-IG-BT 和 SiC-DMOS 的应用特性对比。在样机搭建中,Si 器件主要采用集成有 Si-IGBT 和二极管的 IPM 功率模块 PM25CL1A120,而 SiC 功率器件采用 Rohm 公司提供的同级别的 SiC 功率器件样品,包括 600V/20A DMOS 和 SBD。表 9.1 给出了开关器件的主要参数对比。可以看出,相比 Si 功率器件,SiC 功率器件具有更高的工作和存储温度、更快的开关速度以及更低的通态电阻。

表 9.1　Si 和 SiC 功率器件的主要参数对比

参数	Si-IGBT	SiC-DMOS
工作温度	$-20\sim+100$℃	$-55\sim+150$℃
存储温度	$-40\sim+125$℃	
集射极饱和电压	$1.8\sim2.3$V	—
漏源极通态电阻	—	0.1Ω
开通延迟时间	$1.0\sim2.5\mu s$	36ns
上升时间	$0.5\sim0.8\mu s$	80ns
关断延迟时间	$2.0\sim3.0\mu s$	120ns
下降时间	$0.7\sim1.2\mu s$	75ns
关断漏电流	1mA	$100\mu A$

2）样机特性对比

此版样机主要用于 Si 和 SiC 器件在 DAB 中的应用特性对比，因此除使用的功率器件不同，两个变换器的主要参数和 PCB 结构均相同。磁性元件也均使用新型纳米晶软磁材料制造，以减少相关损耗。为了方便对比，将变压器变比设置为 $n=1$；输出电压闭环控制为 280V，为了减小环流和电流应力，输入电压调节范围限制为 $260\sim300$V。

为了验证 SiC 功率器件的高频特性，将变换器的开关频率提升至 20kHz，辅助电感取 0.1mH。散热片和风扇用于加快器件散热，防止工作过程中器件结温过高，由于 SiC 器件的通态损耗较小，所以散热片和风扇也可以相应缩小，进而减小系统体积。

在控制系统设计中，采用 DSP 与 FPGA 相结合的方式，DSP 采用 TMS320F2812，FPGA 则采用 XILINX XCS3S500E。DSP 主要完成人机交互和控制算法的实现，而 FPGA 主要完成 AD 以及故障信号采集、驱动脉冲的输出以及保护逻辑的输出，DSP 与 FPGA 之间通过双口 RAM 进行数据的双向传递，FP-GA 与功率器件之间通过母板连接线传递信号。

至此，搭建了 Si-DAB 和 SiC-DAB 对比样机，如图 9.2 所示。在样机中，主要采用了平面、集成的样机结构。相关测试结果将在 9.5 节中统一给出。

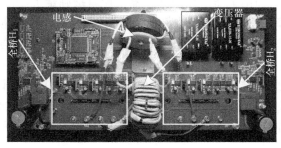

(a) Si-DAB

(b) SiC-DAB

图 9.2　Si-DAB 和 SiC-DAB 对比样机

9.2　SiC-DAB 安全工作区的定义

9.2.1　SiC 对 DAB 参数设计的影响

SiC 功率器件的应用使 DAB 的特性得到改进,同时也使得变换器设计的灵活性增大,参数可设计的变化范围变大,直接影响着 DAB 的安全运行。

对于 DAB 需要确定的参数主要有输入端电压 V_1、输出端电压 V_2、HFI 变压器变比 n、包括辅助电感和变压器漏感的串联电感量 L,以及开关频率 f_s。通常,输入和输出端电压根据应用场合来确定,例如,对于后续章节中介绍的电池储能应用,DAB 的原边侧电压 V_1 由双向 AC/DC 变换器进行控制,为了减小谐波特性提高功率因数,对于接入 220V/50Hz 电网的 AC/DC 变换器直流电压通常取值为 350～450V,典型取值有 380V 或 400V 等;副边侧电压 V_2 由蓄电池电压或微电网直流母线电压确定,对于蓄电池系统,通常由多节 6V 或 12V 蓄电池串联而成,典型系统有 48V、192V 及 240V 等,对于直流微电网系统,典型直流母线电压通常取为 380V 或 48V。另外,根据 9.1 节的分析,为了减小环流,提高变换器效率,变压器变比通常要与端电压进行匹配,取值为 $n=V_1/V_2$。因此,实际系统中,根据变换器的应用场合,输入输出电压等级及变压器变比就被确定了。

而根据第 3 章的分析,串联电感量 L 和开关频率 f_s 与变换器的传输功率、电流应力及电流有效值均有关。当 L 和 f_s 取值较大时,可能会导致传输功率达不到额定值;而当 L 和 f_s 取值较小时,会导致变换器环流增大,尤其在电压比不匹配时,会导致很大的电流应力和有效值,甚至击穿器件。为了保证变换器有效和安全工作,f_s 和 L 的设计必须满足:①变换器能够达到所需的传输功率;②电流应力在变换器元件所能承受的范围内;③电流有效值在变换器元件所能承受的范围内。

9.2.2　传输功率的有效工作区

根据 9.2.1 节的分析,输入和输出电压主要根据应用场合确定。在 DAB 工作过程中,系统状态的变化(如蓄电池容量的变化),会导致输出电压的变化,设变化范围为 $V_{2\_min} \sim V_{2\_max}$。由于变压器匝比固定,为了减小环流,提高效率,通常控制对应的输入电压 V_1 变化,使得电压变换比 $k = V_1/(n_T V_2) = 1$,设变化范围为 $V_{1\_min} \sim V_{1\_max}$,有 $V_{1\_min}/(n_T V_{2\_min}) = V_{1\_max}/(n_T V_{2\_max}) = 1$。设 DAB 额定功率为 P_N,考虑 1/3 的过载量,变换器传输的最大功率 $P_{max} = (4/3)P_N$。根据第 3 章的分析,DAB 的理论最大传输功率 P_M 为

$$P_M = \max\left\{ P = \frac{n_T V_1 V_2}{2 f_s L} D(1-D) \right\} = \frac{n_T V_1 V_2}{8 f_s L} \tag{9.1}$$

设最大传输功率的最小值为 P_{M_min},有

$$P_{M\_min} = \min\left\{ P_M = \frac{n_T V_1 V_2}{8 f_s L} \right\} = \frac{n_T V_{1\_min} V_{2\_min}}{8 f_s L} \tag{9.2}$$

为了保证变换器能够达到负载所需的传输功率,需要保证变换器理论最大传输功率的最小值大于变换器实际需要传输的最大功率,即

$$\frac{n_T V_{1\_min} V_{2\_min}}{8 f_s L} = P_{M\_min} \geqslant P_{max} = \frac{4}{3} P_N \tag{9.3}$$

图 9.3 给出了 P_{M_min} 随 f_s 和 L 的变化曲线。从图中可以看出,P_{M_min} 随着 f_s 和 L 的增大而减小,且仅在一定范围内,P_{M_min} 才大于负载所需功率的最大值 P_{max},本书定义此区域为有效工作区(effective operation area,EOA)。在本节中,参数均与 9.4 节的样机保持一致。

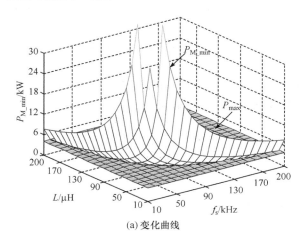

(a) 变化曲线

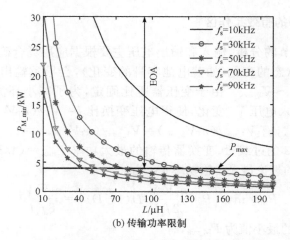

(b) 传输功率限制

图 9.3　DAB 传输功率最小值随 f_s 和 L 的变化曲线

9.2.3　电流应力的有效工作区

为了减小变换器环流,在 DAB 工作过程中,可以控制输入端电压 V_1 使得电压变换比 $k=1$。考虑到电流应力是变换器某一时刻达到的电流最大值,表征的是电流对器件的冲击效应,因此对其分析不仅要考虑变换器控制稳定运行($k=1$)时的情况,还要考虑控制过程中的暂态($k \neq 1$)情况。这里主要以 SPS 控制为例进行分析,根据第 3 章的分析,DAB 的电流应力 I_M 为

$$I_M = \max\{i_L(t)\} = \begin{cases} I_{M1} = \dfrac{1}{4f_s L}(V_1 - n_T V_2 + 2D n_T V_2), & k < 1 \\[3mm] I_{M2} = \dfrac{1}{4f_s L}(n_T V_2 - V_1 + 2D V_1), & k \geqslant 1 \end{cases} \tag{9.4}$$

对于相同的传输功率,总是有两个不同的移相比可以取得。为了减小环流,提高变换器效率,通常选择小于 0.5 的移相比,有

$$D = \frac{1 - \sqrt{1 - \dfrac{8 P f_s L}{n_T V_1 V_2}}}{2} \tag{9.5}$$

将式(9.5)代入式(9.4),有

$$
\begin{cases}
I_{M1} = \dfrac{1}{4f_sL}\left(n_T V_2 - V_1\sqrt{1-\dfrac{8Pf_sL}{n_T V_1 V_2}}\right) \\[4mm]
I_{M2} = \dfrac{1}{4f_sL}\left(V_1 - n_T V_2\sqrt{1-\dfrac{8Pf_sL}{n_T V_1 V_2}}\right)
\end{cases}
\tag{9.6}
$$

对电流应力 I_{M1} 取导，有

$$
\begin{cases}
\dfrac{\partial I_{M1}}{\partial P} = \dfrac{1}{n_T V_2 \sqrt{1-\dfrac{8Pf_sL}{n_T V_1 V_2}}} > 0 \\[6mm]
\dfrac{\partial I_{M1}}{\partial V_1} = -\dfrac{1}{4f_sL}\left(\sqrt{1-\dfrac{8Pf_sL}{n_T V_1 V_2}} + \dfrac{1}{\sqrt{1-\dfrac{8Pf_sL}{n_T V_1 V_2}}}\dfrac{4Pf_sL}{n_T V_1 V_2}\right) < 0 \\[6mm]
\dfrac{\partial I_{M1}}{\partial(n_T V_2)} = \dfrac{1}{4f_sL}\left[1 - \dfrac{1}{\sqrt{1-\dfrac{8Pf_sL}{n_T V_1 V_2}}}\dfrac{4Pf_sL}{(n_T V_2)^2}\right]
\end{cases}
\tag{9.7}
$$

根据上述分析可知，I_{M1} 是关于 P 的增函数，关于 V_1 的减函数；而对于 $n_T V_2$，可以得到其二阶导数大于零，所以最大值在端点处取得，通过比较可知，可以近似认为当 $V_2=V_{2\_min}$ 时，I_{M1} 取得最大值。同理，可对 I_{M2} 进行类似分析。由此，在一般性设计中，电流应力的最大值 I_{M_max} 可以计算如下：

$$
I_{M\_max} = \begin{cases}
I_{M1\_max} = \dfrac{1}{4f_sL}\left(n_T V_{2\_max} - V_{1\_min}\sqrt{1-\dfrac{8P_{max}f_sL}{n_T V_{1\_min} V_{2\_max}}}\right) \\[4mm]
I_{M2\_max} = \dfrac{1}{4f_sL}\left(V_{1\_max} - n_T V_{2\_min}\sqrt{1-\dfrac{8P_{max}f_sL}{n_T V_{1\_max} V_{2\_min}}}\right)
\end{cases}
\tag{9.8}
$$

为了保证系统安全工作，需要保证变换器工作过程中电流应力的最大值小于器件所能承受的最大冲击电流，并留有一定的裕量，即有

$$
I_{SiC\_max} \geqslant \xi I_{M\_max}
\tag{9.9}
$$

其中，I_{SiC_max} 为 SiC 功率器件所能承受的最大冲击电流；ξ 为裕量系数，通常可选择 $1.5 \sim 2$，对于变压器副边器件，还需要乘以变压器变比 n。

根据上述分析，图 9.4 给出了 I_{M_max} 随 f_s 和 L 的变化曲线。从图中可以看出，I_{M_max} 随着 f_s 和 L 的变化而变化，但是不同于 P_{M_min} 与 f_s 和 L 的单调关系，这种变化关系是非单调的。另外，也仅仅在一定范围内，DAB 的电流应力的最大值小于 SiC 功率器件所能承受的最大冲击电流，如图 9.4(b) 中的 EOA。

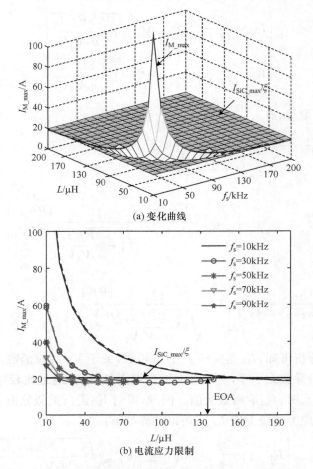

(a) 变化曲线

(b) 电流应力限制

图 9.4　DAB 电流应力最大值随 f_s 和 L 的变化曲线

9.2.4　电流有效值的有效工作区

电流有效值是一个周期内电流的方均根值,主要表征的是变换器的热效应,因此对其分析中主要考虑变换器控制稳定运行($k=1$)时的情况即可。

根据第 3 章的分析,可以得到 DAB 的电流有效值 I_{rms} 为

$$I_{rms} = \sqrt{\frac{1}{T_{hs}}\int_0^{T_{hs}}(i_L(t))^2 dt}$$

$$= \frac{\sqrt{3}}{12 f_s L}\sqrt{V_1^2 + (n_T V_2)^2 - (2n_T V_1 V_2 + 8P f_s L)}\sqrt{1 - \frac{8P f_s L}{n_T V_1 V_2}} \tag{9.10}$$

为了分析方便,对电流有效值的平方 I_{rms}^2 取导,并且考虑到 $k=1$,有

$$\begin{cases} \dfrac{\partial I_{rms}^2}{\partial P} = \dfrac{2P}{V_1 \sqrt{V_1^2 - 8Pf_sL}} > 0 \\[4mm] \dfrac{\partial I_{rms}^2}{\partial V_1} = \dfrac{3}{(12f_sL)^2}\left[4V_1 - 4\sqrt{V_1^2 - 8Pf_sL} - \dfrac{16Pf_sL(V_1^2 + 4Pf_sL)}{V_1^2 \sqrt{V_1^2 - 8Pf_sL}}\right] < 0 \end{cases}$$

$$(9.11)$$

根据上述分析可知,I_{rms}^2 是关于 P 的增函数和关于 V_1 的减函数。由于 $I_{rms} > 0$,所以 I_{rms} 也是关于 P 的增函数和关于 V_1 的减函数。可得变换器工作过程中,电流有效值的最大值 I_{rms_max} 为

$$I_{rms\_max} = \frac{\sqrt{3}}{12f_sL}\sqrt{2V_{1\_min}^2 - (2V_{1\_min}^2 + 8P_{max}f_sL)\sqrt{1 - \frac{8P_{max}f_sL}{V_{1\_min}^2}}} \quad (9.12)$$

为了保证系统安全工作,需要保证变换器工作过程中电流有效值的最大值小于器件所能承受的最大有效值,并留有一定的裕量,即有

$$I_{SiC\_rms} \geqslant \lambda I_{rms\_max} \quad (9.13)$$

其中,I_{SiC_rms} 为 SiC 功率器件所能承受的最大电流有效值;λ 为裕量系数,通常可选择 $1.5 \sim 2$,对于变压器副边器件,还需要乘以变压器变比 n_T。

根据上述分析,图 9.5 给出了 I_{rms_max} 随 f_s 和 L 的变化曲线。从图中可以看出,I_{rms_max} 随着 f_s 和 L 的增加而增加,仅仅在一定范围内,电流有效值的最大值小于 SiC 功率器件所能承受的最大有效值电流,如图中的 EOA。

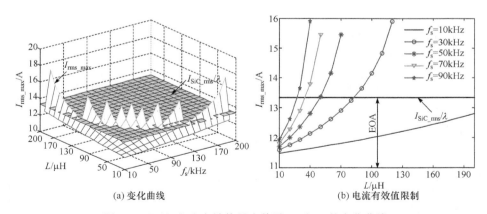

(a) 变化曲线　　　　　　　　　(b) 电流有效值限制

图 9.5　DAB 电流有效值最大值随 f_s 和 L 的变化曲线

9.2.5　DAB 的安全工作区

根据上述分析,为了保证 DAB 有效和安全工作,f_s 和 L 的设计必须满足:

$$\begin{cases} \dfrac{n_T V_{1\_min} V_{2\_min}}{8 f_s L} \geqslant \dfrac{4}{3} P_N \\[4mm] \dfrac{\xi}{4 f_s L}\left(n_T V_{2\_max} - V_{1\_min}\sqrt{1 - \dfrac{8 P_{max} f_s L}{n_T V_{1\_min} V_{2\_max}}} \right) \leqslant I_{SiC\_max} \\[4mm] \dfrac{\xi}{4 f_s L}\left(V_{1\_max} - n_T V_{2\_min}\sqrt{1 - \dfrac{8 P_{max} f_s L}{n_T V_{1\_max} V_{2\_min}}} \right) \leqslant I_{SiC\_max} \\[4mm] \dfrac{\sqrt{3}\lambda}{12 f_s L}\sqrt{2 V_{1\_min}^2 - (2 V_{1\_min}^2 + 8 P_{max} f_s L)\sqrt{1 - \dfrac{8 P_{max} f_s L}{V_{1\_min}^2}}} \leqslant I_{SiC\_rms} \end{cases} \tag{9.14}$$

本书将式(9.14)所限制的 f_s 和 L 的取值范围定义为 DAB 的安全工作区 (safe operation area,SOA)。在进行 DAB 设计时,根据拟设计的系统容量,电压等级的不同,便可以得到 DAB 的安全工作区。结合 MATLAB2011 软件,图 9.6 给出了 9.4 节所设计的 DAB 的安全工作区。从图中可以看出,DAB 的 SOA 是由传输功率、电流应力及电流有效值所规定 EOA 的交集,f_s 和 L 的设计必须在所限制的 SOA 内。

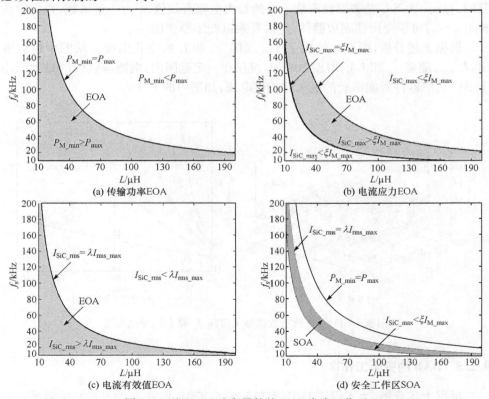

图 9.6　基于 SiC 功率器件的 DAB 安全工作区

9.3　SiC-DAB 的统一离散化设计策略

根据 9.2 节的分析，f_s 和 L 的设计必须在所限制的 SOA 内，但是 SOA 只给定了参数设计的范围。对于不同的 f_s 和 L，变换器效率是不一样的，因此在 SOA 内，如何设计以充分利用 SiC 的优秀性能，进而达到 DAB 的优化运行成为一个急需解决的问题。

9.3.1　效率离散化特性

根据 9.1 节的分析，可以得到在额定工作状态下，变换器各部分损耗随 f_s 和 L 的变化曲线如图 9.7(a)所示。从图中可以看出，各部分损耗均随着 f_s 和 L 的增大而增大。事实上，为了传输相同的功率，f_s 和 L 越大，移相比越大，进而导致环流功率增加，损耗也就随着增加。另外，f_s 增加将导致单位时间内开关管的开关次数增加，进而也导致开关损耗的增加。

根据上述分析，理论上 DAB 的效率将在 f_s 和 L 的最小处取得。而事实上，由于安全工作区的限制，开关频率和串联电感的最小值是不可能同时取得的；另外，为了减小变换器体积，提高功率密度，需要增大变换器的开关频率，这与提高变换器效率也是矛盾的。

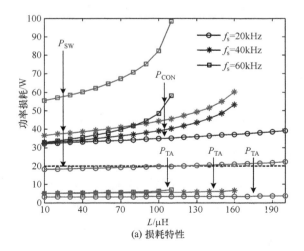

(a) 损耗特性

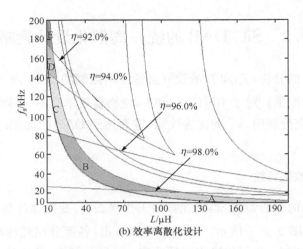

(b) 效率离散化设计

图 9.7　效率离散化特性

　　为了保证 DAB 的高效率和高功率密度,本节设计中采用离散化分析方法。以变换器效率为目标,将变换器的安全工作区域分为 ABCDE 共五部分,如图 9.7(b)所示。不同区域内,变换器效率不同,以 ABDCE 顺序依次降低,ABCDE 依次代表效率特性的优、良、中、差、很差,如表 9.2 所示。通过选择不同区域内的参数进行设计,也反映了设计者对效率特性的重视程度。

表 9.2　效率离散化特性评估

效率	离散区域	效率	重视程度
>98%	A	优	I
96%~98%	B	良	II
94%~96%	C	中	III
92%~94%	D	差	IV
<92%	E	很差	V

9.3.2　功率密度离散化特性

　　在电力电子变换器中,影响变换器体积的主要因素不在于有源器件大小,而在于开关管的散热系统和磁性元件。对于散热系统,影响因素很多,也是电力电子领域的研究课题之一。SiC 功率器件的使用,使得散热系统的体积得到了很大程度的减小,并且 9.3.1 节的效率优化已经从一个侧面对散热系统体积的优化产生了积极作用,所以本节将以磁性元件为主来分析 DAB 的功率密度特性。需要指出的是,磁性元件和散热系统形状以及变换器结构设计的不同,而导致的变换器功率密度变化,不在本节的研究范围内,但在后续的硬件设计中,将提供一些有用的设计建议。

　　为了提高 DAB 的效率和功率密度,本章均采用新型纳米晶软磁材料对磁性元件进行设计。在传输功率相同的前提下,提高开关频率可以减小磁芯的截面积,进而减小体积;但是开关频率的提高又会导致磁芯损耗的增加,影响磁性元件的正常运行。在保证传输功率和损耗与第 5 章 SiC-DAB 样机一致的前提下,图 9.8(a)给出了磁芯质量随开关频率的变化曲线。从图中可以看出,在传输相同的功率时,随着开关频率的增大,所需磁芯的质量将会减少,进而磁芯体积也会减少;在开关频率小于 40kHz 变化时,磁芯质量变化较为明显。

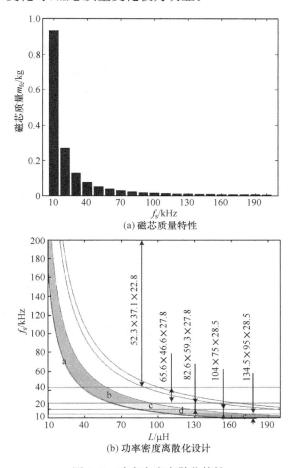

(a) 磁芯质量特性

(b) 功率密度离散化设计

图 9.8　功率密度离散化特性

　　事实上,虽然开关频率的增加会带来磁芯体积的减小,但是磁芯体积的减小将会导致磁芯热电阻的增大,在相同的功率损耗时,温升将会增大,影响磁性元件的安全运行。另外,在相同的体积下,不同的磁芯结构也会导致热电阻的不同。目前,市场上采用纳米晶软磁材料的磁芯的主要结构为环形和矩形。相比矩形磁芯,环形磁芯可以获得最高的磁导率、最低的损耗,体积也最小。表 9.3 给出了某公司生产的环形纳米晶磁芯的标准型号及相关参数。磁芯温升 ΔT、电流密度 S_{opt} 及最大传输功率 P_{max} 可以按式(9.15)进行计算:

$$
\begin{cases}
\Delta T = \dfrac{(2+Z)m_{\text{Fe}}P_0}{2}\left(\dfrac{F}{F_0}\right)^X\left(\dfrac{f_s}{f_0}\right)^Y\left(\dfrac{\Delta B_{\text{opt}}}{\Delta B_0}\right)^Z R_{\text{th}} \\[3mm]
S_{\text{opt}} = \sqrt{\dfrac{Z\Delta T}{10^4(2+Z)R_{\text{th}}\rho_{\text{Cu}}l_{\text{Cu}}A_{\text{Cu}}}} \\[3mm]
P_{\text{max}} = 10kf_s A_{\text{Fe}} A_{\text{Cu}} \Delta B_{\text{opt}} S_{\text{opt}}
\end{cases}
\tag{9.15}
$$

表 9.3　环形纳米晶磁芯的标准型号及相关参数

定义 符号 单位	尺寸 OD×ID×H /(mm×mm×mm)	铁截面 A_{Fe} /cm²	磁芯质量 m_{Fe} /g	绕组截面 A_{Cu} /cm²	绕线长度 l_{Cu} /cm	热阻 R_{th} /(K/W)
1	134.5×95×28.5	2.85	757	18.2	16.8	1.5
2	104×75×28.5	1.9	395	11.5	14.2	2
3	82.6×59.3×27.8	1.62	267	6.97	12.5	3
4	65.6×46.6×27.8	1.3	170	4.57	11.1	4
5	52.3×37.1×22.8	0.9	83	3.5	10.3	5.5
6	42.3×22.5×17.3	0.9	68	1.3	7.9	9
7	32.3×17.8×17.8	0.6	35	1.3	6.82	13

考虑到纳米晶软磁材料最高工作温度 $T_{\text{max}}=120℃$,环境温度 $T\leqslant60℃$,允许温升设为 $\Delta T_{\text{max}}=60\text{K}$,饱和磁通密度 $B_{\text{S}}=1.2\text{T}$;最大磁通密度设为 $B_{\text{max}}=0.5B_{\text{S}}=0.6\text{T}$。由此可以得到各频率范围内所能使用的具有最小体积的标准磁芯,如表 9.4 所示。

表 9.4　功率密度离散化特性评估

开关频率 /kHz	尺寸 /(mm×mm×mm)	离散区域	功率密度等级	重视程度
43.2~200	52.3×37.1×22.8	a	优	Ⅰ
26.4~43.2	65.6×46.6×27.8	b	良	Ⅱ
19.3~26.4	82.6×59.3×27.8	c	中	Ⅲ
14.5~19.3	104×75×28.5	d	差	Ⅳ
9.1~14.5	134.5×95×28.5	e	很差	Ⅴ

从上述分析中可以看出,由于受到温升的限制,在开关频率大于 43.2kHz 时,通过增大频率已经很难使磁芯的体积减小。与 9.3.1 节的分析类似,采用离散化分析方法,以磁芯功率密度为目标,将 DAB 的安全工作区域分为 abcde 共四部分,如图 9.8(b)所示。不同区域内,变换器功率密度不同,以 abcde 顺序依次降低,abcde 依次代表功率密度特性的优、良、中、差、很差,如表 9.4 所示。通过选择不同区域内的参数进行设计,反映了设计者对功率密度特性的重视程度。

9.3.3　离散化参数设计

根据上述分析,分别以 DAB 效率和功率密度为目标对安全工作区域进行分区,可以得到 9 个离散化的区域(Ae、Ad、Ac、Bc、Bb、Ba、Ca、Da 和 Ea),如图 9.9(a)所示。图 9.9(b)给出了参数设计目标区域的选择方法。从图中可以看出,为了使 DAB 具有较高的效率和功率密度,相比其他 7 个区域,Ac 和 Ba 是相对最优的选择。设计中,可以根据对效率和功率密度的重视程度来对 Ac 和 Ba 进行选择。

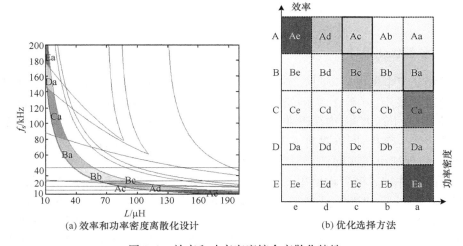

(a) 效率和功率密度离散化设计　　　　(b) 优化选择方法

图 9.9　效率和功率密度综合离散化特性

在离散化设计策略中,对于效率和功率密度的分区越多,可以得到越好的优化结果,但是对效率和功率密度的计算要求越精确。而事实上,采用数学建模的方式对效率和功率密度进行建模,精度往往会打折扣,这也是本节选择离散化方法进行一般化优化设计的原因之一。另外,需要指出的是,本节主要提出了一种基于 SiC 功率器件的 DAB 的统一离散化设计策略,该策略可用于对基于先进器件的 DAB 进行一般化设计;而对于特定的 DAB 样机,也有各种各样的优化方法改进指定的特性。9.4 节将采用模块化设计思路,给出基于 SiC 功率器件的 DAB 硬件设计中的一般化建议。

9.4　SiC-DAB 的优化设计和实现

本节结合 SiC 和纳米晶等新型元件的特性,对 DAB 进行优化设计,并将样机系统从 DAB 扩展至图 9.10 所示的 AC-DC-DC 双向可扩展变流单元。下面以电池储能系统(battery energy storage system,BESS)经 AC-DC-DC 双向可扩展变流单元接入单相交流电网的应用为例,对参数进行优化设计。

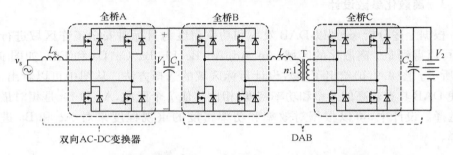

图 9.10　用于 BESS 的高频隔离 AC-DC-DC 变流单元

9.4.1　参数优化设计

单相交流电网电压 V_s 取 220V,DAB 原边侧直流电压 V_1 额定值取为 400V,蓄电池系统采用 20 节 12V 的铅酸电池串联而成,副边侧直流电压 V_2 为 240V。为保证 DAB 电压匹配,变压器变比 $n=400/240=5/3$,由于在充放电过程中,蓄电池电压会发生变化,所以双向 AC-DC 变换器将控制输入端电压 V_1 跟随 V_2 变化而变化,以保证电压匹配。

开关器件和二极管均使用 SiC 功率器件,相比 9.1 节中使用的 600V/20A 分离的 SiC-DMOS 和 SiC-SBD 样品,本节样机中全部使用 1200V/35A 的商业化 SiC-DMOS,其中已包含反并联二极管,封装为 TO247。磁性元件同样使用纳米晶软磁材料。根据 9.3 节分析,选择目标区域 Ac 作为参数优化区域,实验中开关频率选择 20kHz,串联电感量 90μH(包括辅助电感量和变压器漏感)。

9.4.2　硬件优化设计

为了提高样机的效率和功率密度,采用模块化设计思路,对硬件进行了优化设计,如图 9.11 和图 9.12 所示。

在 SiC 功率器件的设计中,原先分离的 SiC-DMOS 与 SiC-SBD 被集成到单独的封装中,在减小器件体积的同时也减小了散热器的体积。在 H 桥的设计中,四个分离的功率器件及其散热系统被集成到一个功率模块中。在磁性元件的设计中,采用在变压器中设计气隙的方式,将分离的辅助电感和变压器集成到单独的磁

(a) 功率器件　　　　　　(b) 磁性元件　　　　　　(c) H 桥

图 9.11　模块化硬件优化设计

(a) 平面集成　　　　　　(b) 模块化即插即用　　　　　　(c) AC-DC-DC 单元

图 9.12　即插即用硬件优化设计

性模块,利用变压器的漏感等效辅助电感,进一步减小了磁性元件的体积。在样机结构设计中,将 9.1 节的平面集成结构改进为模块化、即插即用结构。另外,控制系统也分别离散为电源、控制和信号处理三个模块。至此,一个 DAB 样机主要由一个电源模块、一个控制模块、一个信号处理模块、两个功率模块和一个磁性模块组成。在 PCB 设计中,各模块的大小完全相同,且采用即插即用接口接入母板之中,各模块间通过母板传递信号。样机的优化设计,不仅提高了变换器效率和功率密度,还使得系统更趋于模块化,便于安装维修和系统扩容。

表 9.5 给出了各版本 DAB 样机的对比,样机 I 为用于第 3 章实验的基于 Si 功率器件的原理样机,样机 II 即 9.1 节基于 Si 功率器件的对比样机,样机 III 即 9.1 节基于 SiC 功率器件的对比样机,样机 IV 即本节优化后的实验样机。从中可以看出,相比样机 I、II 及 III,样机 IV 具有更小的体积和更高的功率密度。但是由于母板的存在,相比样机 III,样机 IV 的质量略大。

表 9.5　各版本 DAB 样机对比

样机	功率器件	磁性元件	结构形式	体积	质量
I	Si	非晶	平面、模块化	—	—
II	Si	纳米晶	平面、集成	14.5cm×21.0cm×43.5cm	3.99kg
III	SiC	纳米晶	平面、集成	10.0cm×21.0cm×43.5cm	2.63kg
IV	SiC	纳米晶	模块化、即插即用	12.0cm×12.5cm×28.5cm	2.65kg

9.4.3　DAB 优化设计和实现的一般化流程和建议

结合第 2 章和第 3 章的分析,这里主要归纳高频隔离功率转换系统中 DAB 设计和实现的一般化流程和建议。

如图 9.13 所示,在 DAB 设计的一般化流程中主要包括六部分,依次为:①拓扑结构的选择;②控制方法的设计和优化;③功率器件的选择;④参数的设计和优化;⑤磁性元件的设计和优化;⑥硬件结构的设计和优化。

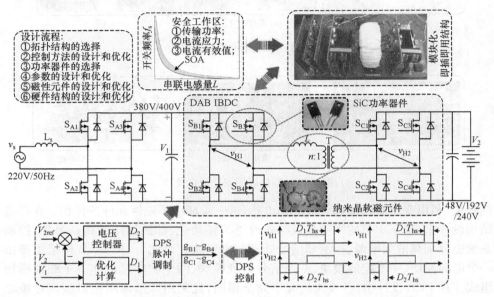

图 9.13　高频隔离功率转换系统中 DAB 设计和实现的一般化流程和建议

对于拓扑结构,目前使用最广的还是单相 DAB,对于三相 DAB 主要是应用于更大功率的场合,但受限于三相对称高频隔离变压器的制造,所以下面的设计建议主要将针对单相 DAB 给出。

对于控制方法,SPS 控制的软开关范围、电流应力、效率等特性都相对要差些,而 EPS 和 DPS 控制可以有效提高 DAB 的表现性能。EPS 控制相对 DPS 控制的优势在于:传输功率特性更好,并且只需在一个全桥中增加内移相比,脉冲数量要少。可以根据不同的场合,对 EPS 控制和 DPS 控制进行选择。另外,可以根据不同的要求,采用优化开关策略,对 EPS 和 DPS 控制的电流应力和效率等特性进行有针对性的优化,电流应力的优化相对容易实施,效率的优化可以采用电流应力或有效值等指标进行等效。

对于功率器件,为了提高效率和功率密度,宽禁带半导体器件是相对优化的选择,但是价格相对要高,并且目前市场上可供使用的 SiC 器件的功率等级相比 Si 器件要小,在高压大功率场合受限。

对于参数设计,主要包括输入端直流电压 V_1、输出端直流电压 V_2、HFI 变压器变比 n、串联电感量 L 以及开关频率 f_s。通常,输入和输出端电压根据应用场合来确定;为了减小环流,提高变换器效率,变压器变比通常要与端电压进行匹配,取

值为 $n_T = V_1/V_2$；串联电感量 L 和开关频率 f_s 需要保证在 DAB 的安全工作区域内，可根据效率或功率密度进行优化。

对于磁性元件，为了提高效率和功率密度，纳米晶软磁材料是相对优化的选择；将高频隔离变压器和辅助电感集成到一个磁性模块，采用变压器漏感来代替辅助电感可以进一步提高系统模块化程度和功率密度。

对于硬件结构，模块化、即插即用型结构可以提高系统的功率密度，便于安装维修和系统扩容。

9.5　实验研究

9.5.1　Si-DAB 和 SiC-DAB 的对比实验

本节的实验主要在 9.1 节搭建的 Si-DAB 和 SiC-DAB 对比样机上进行。

图 9.14 给出了 SiC-DAB 的工作波形，其中，V_2 被闭环控制在 280V，V_1 分别被调节为 260V 和 280V。从图中可以看出，当变换器两端电压与变压器变比匹配时，电流应力达到最小值。当输入电压偏离匹配值时，电流应力迅速增大，由此会导致电流的绝对平均值、峰值以及有效值均增大，进而导致效率降低。

同样，闭环控制 $V_2 = 280V$，图 9.15(a) 给出了功率损耗随输入电压变化的对比结果。从图中可以看出，功率损耗均近似在两端电压与变压器变比匹配时达到最小值。对于不同的输入电压，基于 SiC 功率器件变换器的功率损耗始终小于基于 Si 功率器件的变换器。需要注意的是，由于 Si 功率器件相对高的通态压降，基于 Si 功率器件的 DAB 的匹配点存在一定的偏移。

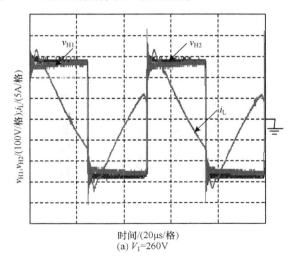

时间/(20μs/格)
(a) V_1=260V

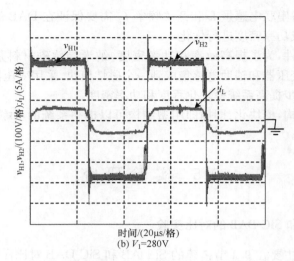

时间/(20μs/格)
(b) V_1=280V

图 9.14　基于 SiC 功率器件的 DAB 工作波形

图 9.15(b)给出了效率对比结果,其中,DAB 处于开环控制,在 FPGA 中,单位移相比被离散化为 1250 等份,调节输入电压和移相比以对比不同点的效率特性。从图中可以看出,效率随着输入电压和移相比的变化而变化,但是基于 SiC 功率器件变换器的效率始终大于基于 Si 功率器件的变换器。在所有枚举点中,基于 SiC 功率器件的 DAB 的平均效率高于 96.0%,额定功率时的效率为 96.6%,最大效率为 99.0%。

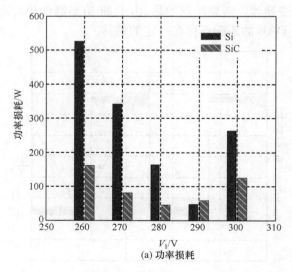

(a) 功率损耗

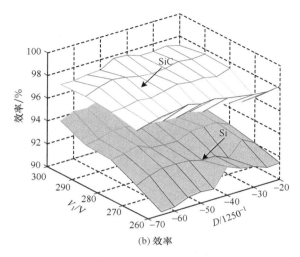

(b) 效率

图 9.15 基于 Si 和 SiC 功率器件的 DAB 功率损耗和效率对比曲线

在上述实验中,输入端电压 V_1 主要由独立的 AC-DC 变换器控制,与 9.4 节的双向 AC-DC 变换器结构类似,主要由一个全桥变换器组成。图 9.16 也给出了实验中 AC-DC 变换器的对比结果。从图中可以看出,基于 SiC 功率器件的 AC-DC 变换器的效率始终大于基于 Si 功率器件的变换器。在所有枚举点中,基于 SiC 功率器件的变换器的平均效率高于 97.1%,额定功率时的效率为 98.4%,最大效率为 99.3%。

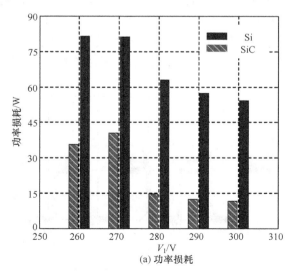

(a) 功率损耗

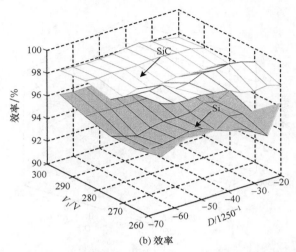

(b) 效率

图 9.16　基于 Si 和 SiC 功率器件的 AC-DC 变换器功率损耗和效率对比曲线

根据上述分析可知,在相同的实验条件下,基于 SiC 功率器件的 DAB 和 AC-DC 变换器均比 Si 变换器具有更好的工作性能。

9.5.2　SiC-DAB 在高频隔离 PCS 中的应用实验

本节的实验主要在 9.4 节搭建的用于 BESS 的 AC-DC-DC 优化实验样机上进行。

图 9.17 给出了 DAB 在充电和放电状态下的实验波形。相比 9.5.1 节的 SPS 控制,本节的 DAB 采用 DPS 控制。在充电状态下,蓄电池电压 V_2 为 252V,为了保证电压匹配,闭环控制 V_1 为 418V;在放电状态下,蓄电池电压 V_2 为 219V,闭环控制 V_1 为 365V。从图中可以看出,电感电流 i_L 在峰值时间基本维持恒定,进而减小电流应力和功率环流。

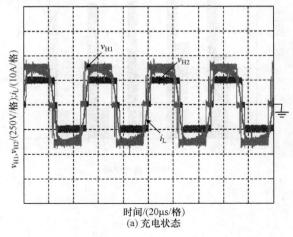

时间/(20μs/格)
(a) 充电状态

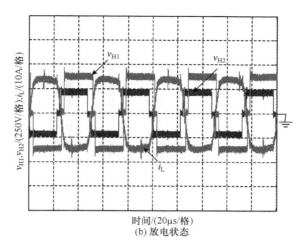

时间/(20μs/格)
(b) 放电状态

图 9.17　DAB 在充电和放电状态下的实验波形

图 9.18(a)给出了 DAB 在不匹配充电下的实验波形。蓄电池电压 V_2 同样为 252V,但是 V_1 闭环控制为 392V,即 $k=V_1/(nV_2)\approx0.94$。图 9.18(b)给出了不同功率下匹配和不匹配充电状态的功率损耗对比。在不匹配状态时,始终控制 V_1 以保证 $k=0.94$。相比匹配状态,不匹配状态下的电流应力增加,也导致了较高的回流功率,进而功率损耗也增加。事实上,电压变换比 k 偏离 1 越多,功率损耗越大。同样可以对放电状态下实验波形进行类似分析,这里不重复叙述。

对于双向 AC-DC 变换器,其不仅控制 DAB 的输入端电压 V_1,还需要控制整个 BESS 以单位功率因素与电网交换功率。图 9.19 给出了双向 AC-DC 变换器在充电和放电状态下的实验波形。从图中可以看出,充放电状态下,电网电流始终保持良好的正弦性;在充电状态时,电网电流与电压同相位;在放电状态时,相位相反;从而始终保证 BESS 以单位功率因素和电网交换功率。

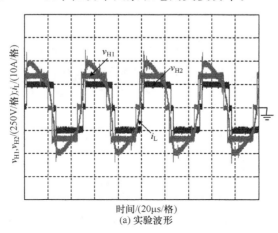

时间/(20μs/格)
(a) 实验波形

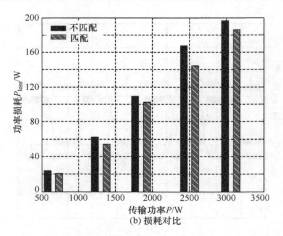

(b) 损耗对比

图 9.18　DAB 在不匹配充电状态下的实验波形及功率损耗

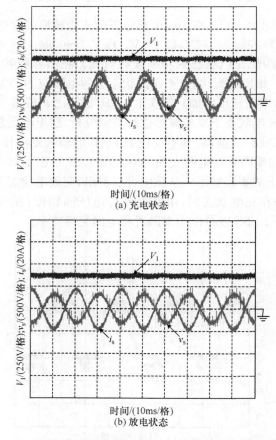

图 9.19　双向 AC-DC 变换器在充电和放电状态下的实验波形

　　图 9.20 给出了充放电状态下的蓄电池电压和系统效率随传输功率的变化曲线。在充电状态下,蓄电池电压随着传输功率的增加而增加,变化范围为 238～268V;在放电状态下,蓄电池电压随着传输功率的增加而减小,变换范围为 242～222V。事实上,随着蓄电池容量的变化,在相同的传输功率,电压也可能是不同的。在实验中,始终控制 V_1 跟随蓄电池电压的变化而变化,以保证电压匹配。充电状态下,平均效率高于 95.5%,最大效率为 97.1%;放电状态下,平均效率高于 95.5%,最大效率为 96.7%。

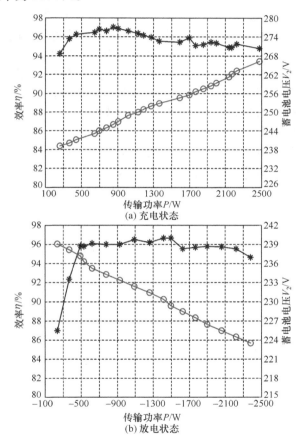

图 9.20　充放电状态下的蓄电池电压和系统效率随传输功率的变化曲线

　　总体来说,BESS 系统达到了设计要求,也验证了 9.2 节提出的统一离散化设计策略的有效性。需要指出的是,统一离散化策略主要是对基于先进器件的 DAB 进行一般性优化设计;而对于特定的 DAB 样机,也有各种各样的优化方法改进指定的特性,因此一些特性可能会优于一般性优化设计的变换器,但是这并不矛盾。

9.6 本章小结

本章主要对 SiC 功率器件在 DAB 中的应用特性进行实验研究,并提出 SiC-DAB 安全工作区以及统一离散化设计策略,为 SiC 在 DAB 中的应用提供实践基础。

(1) 对 Si-DAB 和 SiC-DAB 的损耗特性进行了对比分析,完成了基于 Si 和 SiC 全开关器件的 DAB 对比实验,结果表明:SiC 能够有效提高变换器的表现性能,基于 DAB 的高频隔离功率转换系统的实际应用是值得期待的。

(2) 分析了 SiC 功率器件应用对 DAB 参数设计的影响,提出了 DAB 的 SOA 的定义,串联电感量 L 和开关频率 f_s 的设计需要限制在 SOA 内,结果表明:SOA 可指导 DAB 的参数设计,尤其是 SiC-DAB 参数的安全设计。

(3) 在 SOA 研究的基础上,对 SiC-DAB 的效率和功率密度特性进行了分析,提出了统一离散化设计策略,结果表明:在 SiC-DAB 的优化设计中,效率优化与功率密度优化之间需要折中,离散化设计策略可有效对 SiC-DAB 进行一般性优化设计,综合提高变换器的效率和功率密度表现性能。

第 10 章　双主动全桥变换器的衍生拓扑

DAB 作为最典型的高频隔离双向 DC/DC 变换器拓扑结构,还存在很多变形。本章主要介绍一些在不同应用场景下常见的衍生拓扑结构。

10.1　电流源型 DAB

根据本书中的论述,对于电压源型 DAB,当两端直流电压与变压器变比不匹配时会存在较大的环流和电流应力,使得 DAB 的软开关行为丢失、效率降低,这是 DAB 的固有缺陷。图 10.1 给出了一种电流源型 DAB 的拓扑结构[92,93]。相比电压源型 DAB,其直流侧增加了一个直流电感 L_{dc},并且电容上串联了一箝位开关管 S_{dc} 和二极管 D_{dc}。由此,通过调节箝位开关管 S_{dc} 和原边侧全桥 $S_1 \sim S_4$ 的驱动脉冲状态,便可以对原边侧全桥 H_1 的直流端电压进行调节。

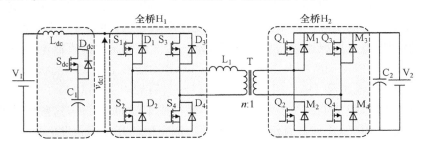

图 10.1　电流源型 DAB 的拓扑结构

图 10.2 给出了电流源型 DAB 的工作原理波形。与电压源型 DAB 工作原理不同的是,原边侧全桥 H_1 的上下开关管驱动脉冲存在直通时刻,在此直通时间内,箝位开关管 S_{dc} 断开,二极管 D_{dc} 反向截止,直流电感上的电压为 V_1;在非直通时间内,箝位开关管 S_{dc} 导通,直流电感上的电压为 $V_1 - V_{c1}$。由于一个开关周期内,直流电感电压的伏秒积为 0,有

$$V_{c1} = \frac{V_1}{1 - D_0} \tag{10.1}$$

其中,D_0 为直通时间在 T_{hs} 中所占的占空比。

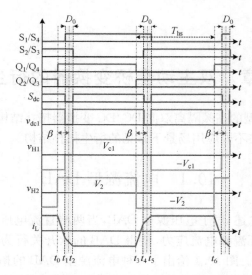

图 10.2　电流源型 DAB 的工作原理波形

从式(10.1)中可知,通过调节直通时间,可以调节电容电压,进而可以保证全桥 H_1 和 H_2 输出的高频链电压峰值与变压器变比始终匹配,进而减小环流、提高效率。需要注意的是电流源型箝位电路只能提高端电压,即仅存在 boost 功能,所以变压器变比可以按照原边侧直流电压波动的最大值和副边侧直流电压波动的最小值来设计,可以保证所有电压波动状态下 DAB 均能够工作在匹配状态。

事实上,电流源型 DAB 相当于一个两步变换结构,虽然提高了电压变换能力、减小了环流,但是也增加了额外的元件,使得成本增加。另外,这些额外的元件也会带来功率损耗,并且直通行为也使得原边侧全桥的开关行为发生了变化。

10.2　三端口 DAB

DAB 可以通过两绕组的 HFI 变压器连接两个不同的直流端口,同样可以采用多绕组变压器及多个 DC-DC 变换环节来连接多个不同的直流端口。图 10.3 给出了一种三端口 DAB 变换方案[94-97],三个直流端口分别连接分布式电源、储能系统以及直流负荷。高频变压器不仅完成各端口的能量交换,还为其提供电气隔离及不同端口的电压匹配。

与传统两端口 DAB 的工作原理类似,图 10.4 给出了三端口 DAB 的基本工作原理。三端口 DAB 拓扑也可以等效为三个高频方波电压源,连接在电感两端,通过调节各电压源间的相移来调节功率流的大小和方向。区别在于两两端口之间均具有相应的移相控制变量,因此功率流管理和调节更加复杂。图 10.4 中,β_2 为

v_{H2} 与 v_{H1} 之间的移相角,当 v_{H2} 滞后 v_{H1} 时,β_2 为正;β_3 为 v_{H3} 与 v_{H1} 之间的移相角,当 v_{H3} 滞后 v_{H1} 时,β_3 为正。

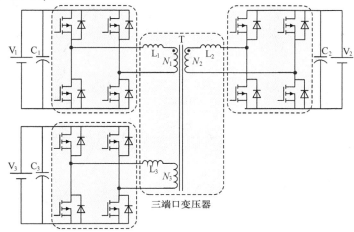

图 10.3　三端口 DAB 结构

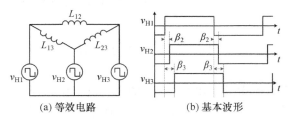

(a) 等效电路　　　　　　　　(b) 基本波形

图 10.4　三端口 DAB 的基本工作原理

　　图 10.5 给出了三端口 DAB 在不同状态下的功率流示意。如图 10.5(a)所示,当 $\beta_2>0$、$\beta_3>0$ 且 $\beta_2>\beta_3$ 时,V_1 端功率流向 V_2 和 V_3 端,另外 V_3 端功率流向 V_2 端;如图 10.5(b)所示,当 $\beta_2>0$、$\beta_3>0$ 且 $\beta_2<\beta_3$ 时,V_1 端功率流向 V_2 和 V_3 端,V_2 端功率流向 V_3 端;如图 10.5(c)所示,当 $\beta_2>0$、$\beta_3<0$ 时,V_1 端功率流向 V_2 端,V_3 端功率流向 V_1 端和 V_2 端;如图 10.5(d)所示,当 $\beta_2<0$、$\beta_3<0$ 且 $\beta_2>\beta_3$ 时,V_2 端功率流向 V_1 端,V_3 端功率流向 V_1 端和 V_2 端;如图 10.5(e)所示,当 $\beta_2<0$、$\beta_3<0$ 且 $\beta_2<\beta_3$ 时,V_2 端功率流向 V_1 端和 V_3 端,V_3 端功率流向 V_1 端;如图 10.5(f)所示,当 $\beta_2<0$、$\beta_3>0$ 时,V_2 端功率流向 V_1 端和 V_3 端,V_1 端功率流向 V_3 端。

　　对于三端口 DAB,在端口之间的电压与变压器匝比不匹配时,电路的电流应力和环流同样会增大,效率降低。除了三端口电路,还可以进一步衍生出四端口、五端口等拓扑,多端口电路的端口越多,各端口之间的相互作用越强,控制也越复杂,因此对于多端口 DAB 的研究主要还是停留在三端口上。

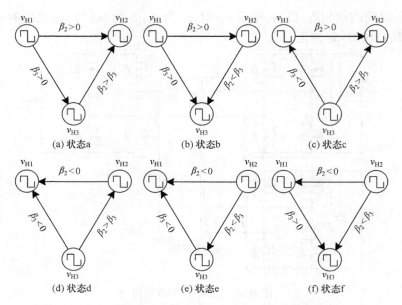

图 10.5　三端口 DAB 在不同工作状态下的功率流示意

10.3　三相 DAB

在本书的前面论述中已经知道,DAB 的高频链工作原理与传统电力系统双机系统的工作原理是类似的。在电力系统中,存在单相和三相系统,那么对于 DAB 也可以衍生出三相拓扑[98-102],如图 10.6 所示。三相 DAB 同样存在两个直流端,但是单相全桥演变成三相全桥,单相隔离变压器演变成三相隔离变压器。相比单相拓扑,三相拓扑可传递的功率容量更大,功率密度更高。

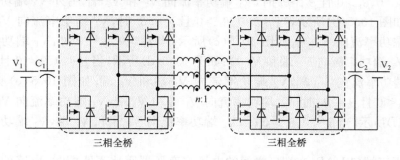

图 10.6　三相 DAB 结构

图 10.7 给出了三相 DAB 拓扑的等效工作电路。两个三相全桥电路同样可以逆变出两个三相高频交流电源,通过调节它们之间的相移来调节功率流。区别在

于单相电路中高频链为两电平方波（以 SPS 控制为例），而三相电路中高频链为四电平波。

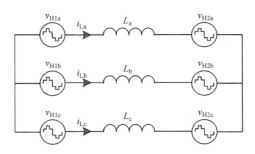

图 10.7　三相 DAB 的等效电路

图 10.8 给出了三相 DAB 拓扑的基本工作波形。高频链的等效交流源均为四电平波形，相与相之间分别具有 $2\pi/3$ 移相角，变压器两侧交流源之间具有移相角 β 用于调节功率流。从图中也可以看出，相比单相 DAB 拓扑，三相拓扑的高频链电流具有更好的正弦性，因此无功功率将更小。另外，由于不同相之间的移相角的存在，三相拓扑的直流脉动电流为高频链电流的 3 倍，因此直流电压具有更高的纹波频率，进而可以减小直流电容容量。但是，三相电路的最大缺点在于：具有相同漏感的三相对称 HFI 变压器的制作相对困难。

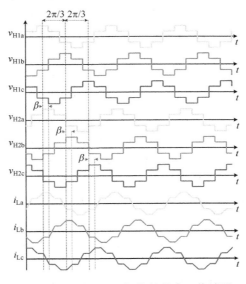

图 10.8　三相 DAB 拓扑的基本工作波形

10.4　高频链多电平 DAB

在 AC-DC 换流器研究领域,为了提高接入系统的电压和功率等级,有很多种解决方案,如三电平拓扑、模块化多电平拓扑等。对于 DAB,这些思路同样可以借鉴以提高接入系统的电压或功率等级。

10.4.1　三电平结构

三电平 DAB 结构是一种典型方案[103,104],如图 10.9 所示。在传统 DAB 结构中,每个开关管承受的电压应力为直流端电压,而在三电平 DAB 结构中,每个开关管承受的电压应力仅为直流端电压的一半,因此可以采用较低电压等级的器件以接入较高电压等级系统。

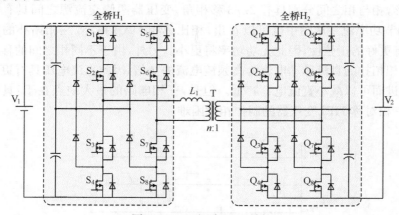

图 10.9　三电平 DAB 结构

图 10.10 给出了三电平 DAB 拓扑的一种典型工作波形。从图中可以看出,其高频链电压为三电平波。事实上,这与单相桥 DAB 拓扑在 TPS 控制下的高频链电压波形类似,只不过零电平并非由桥臂间的内容移相角造成的,而是由同一桥臂的上下管移相造成的,因此其换流状态也会存在一些差异。

10.4.2　模块化多电平结构

为了进一步提高接入系统的电压等级,同样可以借鉴 AC-DC 换流器中的模块化多电平变换器(MMC)拓扑结构,得到基于 MMC 的 DAB 结构[105-107],如图 10.11 所示。为了提高电压等级,采用 SM 子模块进行串联,子模块数目可以根据接入系统电压等级的不同进行调整,其中 SM 子模块可以是半桥结构,也可以是全桥结构,或者多个半桥结构进行并联提高电流水平;为了提高功率密度,交流环节仍采用高频变压器和高频电感进行连接。

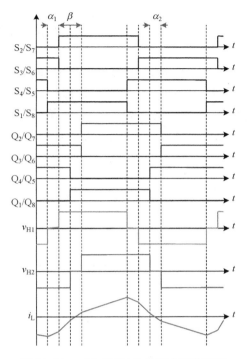

图 10.10　三电平 DAB 的基本工作波形

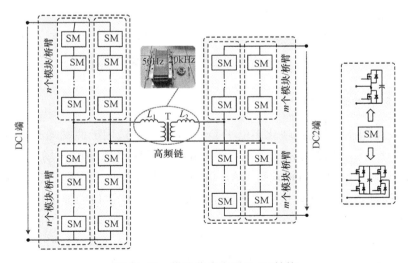

图 10.11　模块化多电平 DAB 结构

事实上,将 MMC 结构应用于 DAB,使直流侧没有了集中电容,从而使得冗余和故障处理技术变得简单,提高了系统运行可靠性,这在高压直流应用场合尤其重要。其主要确定在于：①开关数量增多，导致成本增加；②虽然电容变为分散式，但是高频变压器变成集中式，大容量高频隔离变压器的制造难度会对开关频率的提升产生限制。

图 10.12 给出了模块化多电平 DAB 拓扑的一种典型工作波形。从图中可以看出，其高频链环节的功率传输同样采用双主动移相原理。但是由于各桥臂 SM 之间的输出电压存在相移，高频链电压为多电平波，而不是两电平或三电平方波。由于多电平调制减小了电压阶跃，并且高频链电压具有更好的正弦性，无功功率也更小。

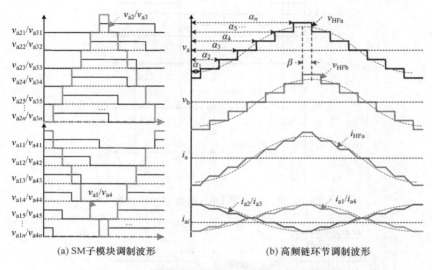

(a) SM 子模块调制波形　　　　　(b) 高频链环节调制波形

图 10.12　模块化多电平 DAB 的基本工作波形

10.4.3　多重模块化结构

10.4.2 节中介绍的模块化多电平 DAB 结构主要适用于两端均为高压直流的应用场合，对于一端接入高压直流，另一端接入低压直流的应用场合则不适用。图 10.13 给出了一种多重模块化 DAB 结构[108]，其主要由 MVDC 接口变换环节、高频链变换环节和 LVDC 接口变换环节组成。MVDC 接口同样采用单相模块化多电平变换器以提高电压等级，每个桥臂由 n 个半桥子模块和一个高频电感组成；LVDC 接口采用 m 个全桥在 LVDC 侧并联以提高功率等级；高频链由 m 个高频隔离变压器组成，变压器的原边串联与 MMC 的交流侧连接，副边则分别与对应的全桥变换器的交流侧连接。半桥和全桥子模块的数量可以根据实际应用中的电压和功率等级进行调整。

在该结构中,采用了模块化多电平和多重化变换原理,高频链的多重化使得高频隔离变压器并不是单个集中变压器,而是由几个独立的变压器组成,原副边电压等级分别为 $(1/m) \times V_{MV}$ 和 V_{LV},电流等级分布为 I_{MV} 和 $(1/n) \times I_{LV}$,因此电压和功率等级可以显著降低,减小高频隔离变压器的制作难度。

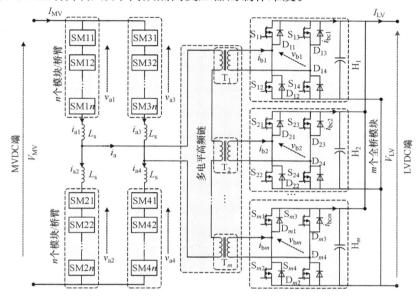

图 10.13　多重模块化 DAB 结构

与模块化多电平 DAB 结构的工作原理类似,多重模块化 DAB 的高频链同样也为多电平波,可减小电压阶跃,提高高频链谐波特性,减小无功功率。但是,模块化多电平 DAB 两侧均为 MMC 结构,所以调制方式相同。而多重模块 DAB 低压侧为全桥多重化结构,调制方式有所不同,但并不影响高频链环节的电压波形,如图 10.14 所示。

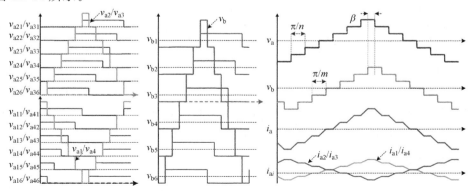

图 10.14　多重模块化 DAB 的基本工作原理

10.5 其他 DAB 衍生拓扑

10.5.1 器件串联型

在 AC-DC 换流器领域,器件串联是一种典型的技术方案以提高接入系统电压等级,在 DAB 中,同样可以借鉴,如图 10.15 所示。

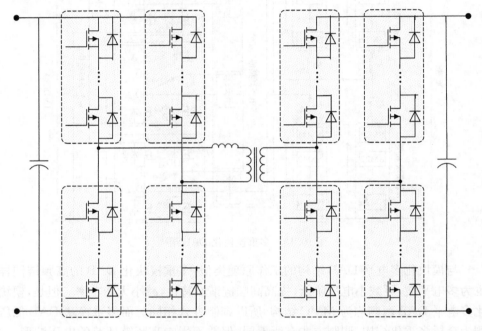

图 10.15 器件串联型 DAB 结构

事实上,虽然在解决开关器件直接串联所带来的静动态均压问题上已有较多研究,但开关器件串联目前仍被视为技术风险较大的方案。目前主流器件制造商均不推荐采用开关器件串联方案,或者不直接提供这方面的支持。除开关器件直接串联的自身问题,在工艺和结构方面也将带来较大的实施困难。串联阀的长度较大,如何通过合理的结构设计使回路面积最小,减小回路的杂散参数,降低开关器件的关断过电压尖峰,将给结构设计带来极高的要求。尤其是对于 DAB,其电压和电流均处于高频状态,进一步增加了器件串联方案的难度。

10.5.2 直接型 AC-AC

除了在 DC-DC 应用领域,借鉴矩阵变换器直接进行 AC-AC 的变换思路,

DAB 结构也可以衍生到 AC-AC 变换领域[109-111]，如图 10.16 所示。

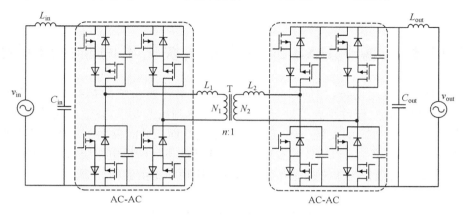

图 10.16　基于 DAB 的直接型 AC-AC 变换结构

在基于 DAB 的直接型 AC-AC 变换结构中，工频交流电被直接变换成高频交流电，经过隔离变压器后，又被直接还原成工频交流电。这种方案的优点是变换环节少、结构简单，可以减小系统的体积和成本，提高效率。但是二次侧波形基本是对一次侧波形的还原，可控性较差，并且难以对电能质量等进行控制，仅在一些特定场合具有应用前景。

10.6　本　章　小　结

DAB 作为最典型的高频隔离双向 DC/DC 变换器拓扑结构，还存在很多变形。本章主要介绍了 DAB 在不同应用场景下常见的一些衍生拓扑，包括电流源型结构、三端口结构、三相结构、三电平结构、模块化多电平结构、多重模块化结构、器件串联型结构以及直接型 AC-AC 结构。本章对这些衍生拓扑的基本工作原理进行了介绍，其均采用与传统 DAB 类似的双主动移相工作原理，但是在特定的应用场景下，具有特定的优势。

第 11 章　基于 DAB 的多功能模块化不间断供电系统

在具体的应用场合,如何对基于 DAB 的功率转换系统的拓扑结构、运行方式、控制管理策略、硬件平台等进行综合设计以达到技术要求,并适应高效率、高功率密度、智能型 PCS 的发展趋势,是在进行系统层面设计时需要解决的关键问题。本章主要给出一种基于 DAB 的多功能模块化智能不间断供电系统(IUPS)解决方案,该方案也可以作为未来能源互联网中住宅用功率路由器的原型。

11.1　基于 DAB 的 IUPS 拓扑结构

不间断供电系统(uninterruptible power supply,UPS)主要用于给关键负载提供不间断的、高质量的电能。UPS 主要可以分为三类:离线式、交互式和在线式[112-115]。而由于具有可靠性高、供电质量高以及转换时间为零等优点,在线式 UPS 得到了迅速的发展。就目前来看,现有 UPS 的整流器主要采用不控整流＋功率因数校正(PFC)或者有源功率因数校正(APFC)的形式[116-119],这种电路成本较低,并且具有较高的功率因数,但是通常其电流谐波含量较高。另外,目前的 UPS 都仅是从电网吸收电能来给负载供电,功能单一,使用灵活性偏差,往往也导致资源浪费。

近几年,由于环保和节能的刺激,分布式发电(distributed generation,DG)系统越来越普及。在电网故障或负荷高峰时,DG 可以作为后备电源给负载提供不间断的、高质量的电能,以减少能量损耗[120-123]。也就是说,随着智能电网的发展,DG 的概念也将逐渐落入 UPS 的范畴。因此,随着电力系统的发展,"绿色"、节能、模块化、智能型 UPS 成为趋势。在这个背景下,本节提出面向智能电网的新一代多功能模块化智能 UPS(intelligent UPS,IUPS)的概念,其也可以作为未来能源互联网中住宅用功率路由器的原型。

图 11.1 给出了 IUPS 的拓扑结构,它主要由四个完全相同的全桥变换器 $H_1 \sim H_4$、一个高频隔离变压器 T、一个静态旁路开关 K 和一个蓄电池组组成。其中,H_3、H_4 和 T 组成 DAB 单元;H_1、H_3、H_4 和 T 可组成高频隔离 AC-DC 变换的基本结构,用于蓄电池的并网;而 H_2、H_3、H_4 和 T 同样组成高频隔离 DC-AC 变换的基本结构,用于蓄电池给负载供电。相比传统在线式 UPS,IUPS 具有对称和模块化的电路结构。为了减小系统质量和体积,同时保证系统安全可靠运行,采用高频隔离变压器给蓄电池和电网及负载提供电气隔离。DAB 的使用可以实现蓄电

池的双向升降压功能,进而可以减小蓄电池的串联数量,同时便于不同容量和不同电压等级的分布式电源接入系统。采用全桥变换器 H_1 代替传统的不控整流＋PFC 或者 APFC 电路,使得 UPS 成为一四象限运行的电源装置,可以实现电网和蓄电池及分布式电源之间的电能最优利用;同时使 UPS 相对电网成为一个"绿色"用户。

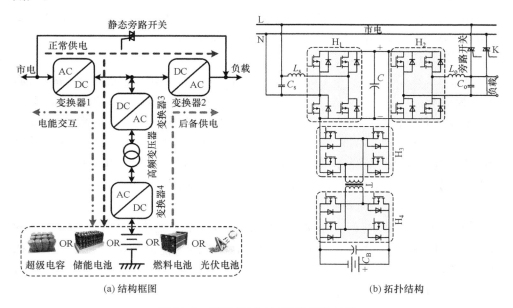

(a) 结构框图　　　　　(b) 拓扑结构

图 11.1　基于 DAB 的 IUPS 拓扑结构

11.2　IUPS 的运行方式

相比传统在线式 UPS 的三种工作模式,IUPS 将具有六种工作模式,分别为旁路供电模式、UPS 供电模式、蓄电池供电模式、蓄电池馈电模式、并联供电模式和微电网发电模式。

1) 模式 1:旁路供电模式

如图 11.2(a)所示,当市电正常而 IUPS 故障或手动旁路使能时,所有的全桥变换器 $H_1 \sim H_4$ 均停止工作,旁路开关将负载切换至旁路状态,由市电直接给负载供电。

2) 模式 2:UPS 供电模式

如图 11.2(b)所示,当市电和 IUPS 均正常时,旁路开关断开,变换器 H_1 和 H_2 分别工作在整流和逆变状态,电网通过 H_1 和 H_2 给负载提供高质量电能;同时,变换器 H_3、H_4 和高频变压器 T 组成充电器从直流母线获取电能给蓄电池组充电。在此模式中,变换器 H_1 是工作在 PWM 整流状态,相比传统的不控整流＋PFC 或者 APFC 电路,可以得到更高的功率因数和更低的谐波含量。

3) 模式 3:蓄电池供电模式

如图 11.2(c)所示,当市电异常而 IUPS 正常时,旁路开关断开,变换器 H_1 停止工作,H_2 工作在逆变状态,变换器 H_3、H_4 和高频变压器 T 组成放电器从蓄电池组或 DG 获取电能给负载供电,以保证供电不间断性。

4) 模式 4:蓄电池馈电模式

如图 11.2(d)所示,当市电和 IUPS 均正常,并且馈电指令使能时,旁路开关断开,变换器 H_1 工作在逆变状态,H_2 停止工作,变换器 H_3、H_4 和高频变压器 T 组成放电器从蓄电池组或 DG 获取电能给电网馈电。当电网处在负荷高峰时,此模式可以向电网补充所需的能量。当系统搁置不使用时,此模式也可以将剩余的电能回馈给电网以节约能源,同时保护蓄电池的寿命。随着分布式电源的普及,模式 5 将会在分布式电源并网、削峰填谷等方面起到重要的作用。

5) 模式 5:并联供电模式

如图 11.2(e)所示,当市电和 IUPS 均正常,但是负载功率大于单台 IUPS 的额定功率时,多台 IUPS 通过并联连接组成供电阵列给负载提供大容量功率。在此模式中,每台 IUPS 的工作状态与模式 2 类似。由于 IUPS 的模块化结构设计,系统可以很方便地扩容。

6) 模式 6:微电网发电模式

如图 11.2(f)所示,当市电停电而 IUPS 正常,并且微电网发电指令使能时,旁路开关断开,变换器 H_1 工作在逆变状态,H_2 停止工作,变换器 H_3、H_4 和高频变压器 T 组成放电器从蓄电池组或 DG 获取电能给电网发电。当电网的负载功率大于单台 IUPS 功率时,多台 IUPS 将在电网侧并联组成微电网进行发电[124,125]。与模式 4 不同,模式 6 的并联是发生在电网侧,电能由蓄电池或分布式电源提供;与模式 5 不同的是,模式 6 已经失去了电网电压的支撑,需要靠自身控制微电网电压。

根据上述分析,相比传统的 UPS,IUPS 成为一个可以四象限运行的装置,不仅可以实现传统 UPS 的基本功能,还可以实现电网和蓄电池及分布式电源之间电能的循环流动,进而实现智能电网中电能的最优利用。当电网停电时,IUPS 还可以独立作为应急电源,提高电网供电的安全性和可靠性。

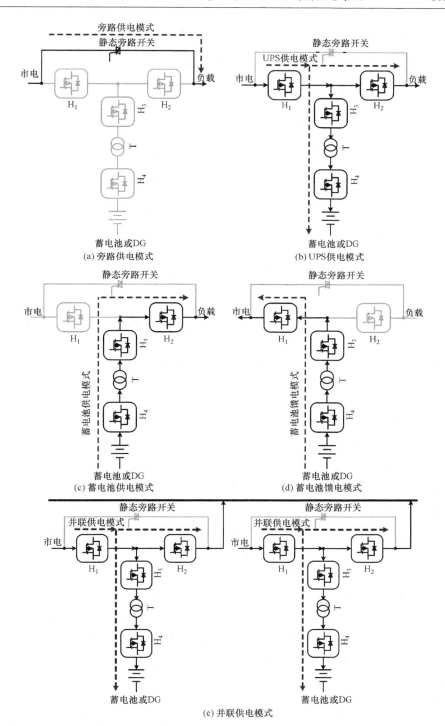

(a) 旁路供电模式　　(b) UPS 供电模式

(c) 蓄电池供电模式　　(d) 蓄电池馈电模式

(e) 并联供电模式

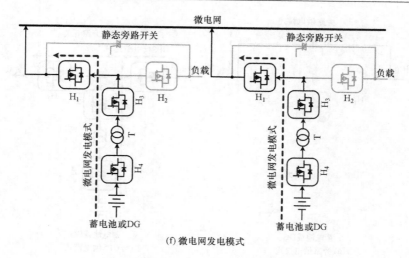

(f) 微电网发电模式

图 11.2　IUPS 的工作模式

11.3　IUPS 的工作原理

为了分析方便,将 IUPS 拆分为三个子模块整流馈电模块、隔离充放电模块和逆变模块。

11.3.1　整流馈电模块的工作原理

在 UPS 供电和并联供电模式中,整流馈电模块工作在 PWM 整流状态;而在蓄电池馈电模式,整流馈电模块工作在馈电状态。在这两种状态下,直流母线电压和电网电流均需要整流馈电模块来控制。

图 11.3 给出了整流馈电模块的工作原理,其中,$\dot{V}_S$、$\dot{I}_S$、$\dot{V}_{AB}$ 和 $\dot{V}_{LS}$ 分别是 v_S、i_S、v_{AB} 和 v_{LS} 的基波相量,v_{LS} 是工频电感 L_S 两端的电压。在稳态下,有

$$\dot{V}_S = j\omega L_S \dot{I}_S + \dot{V}_{AB} \tag{11.1}$$

其中,$\omega = 2\pi f$,f 是工频。

设电网电流有效值是恒定值 $|I_S|$,则电感电压有效值 $|U_{Ls}| = \omega L|I_S|$ 也是恒定值。由于电网电压恒定,相量 $\dot{V}_{AB}$ 以半径 $|U_{Ls}|$ 在一个圆上运动,如图 11.3(c)～(f)所示。当 $\dot{V}_{AB}$ 在弧 A→B→C→D→A 上运动时,功率因数角依次变化为 90°→0°→−90°→−180°→90°,即整流馈电模块依次工作在 1→4→3→2→1 象限,即可以通过控制 v_{AB} 的相位和幅值来控制 i_S 的相位和幅值,进而控制电网和直流母线之间功率流动的大小和方向。特别地,当整流馈电模块工作在 B 点时,功率因数为 1,IUPS 仅从电网吸收有功;当在 D 点时,功率因数为 −1,IUPS 仅向电网发出

有功;B 点和 D 点也是本书 IUPS 的主要运行点。

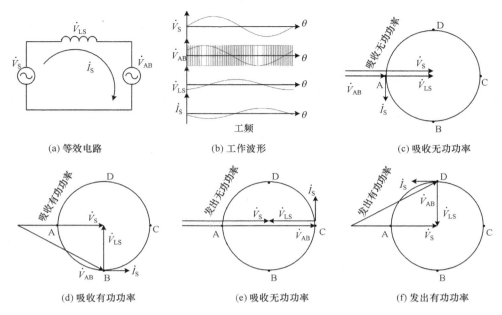

(a) 等效电路　　　(b) 工作波形　　　(c) 吸收无功功率

(d) 吸收有功功率　　　(e) 吸收无功功率　　　(f) 发出有功功率

图 11.3　整流馈电模块的双向工作原理

在微电网发电模式中,整流馈电模块工作在逆变状态,本书主要以两个 IUPS 的共同发电为例进行分析,其他情况可进行类似分析。图 11.4 给出了微电网发电模式下整流馈电模块的等效电路,其中,$\dot{V}_{Si}$、$\dot{I}_{Si}$、$\dot{V}_S$ 和 $\dot{I}_S$ 分别是 v_{Si}、i_{Si}、v_S 和 i_S 的基波相量,v_{Si} 和 i_{Si} 分别是每个 IUPS 的输出电压和电流,v_S 和 i_S 分别是负载电压和电流,Z_{Si} 和 Z_S 分别是 IUPS 和负载的等效电阻,$i=1$ 和 2。

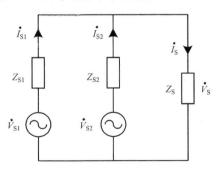

图 11.4　逆变器并联时的等效电路

通常,逆变器的等效输出阻抗可以近似等效为一个电抗[126],设 $Z_{S1}=Z_{S2}=jX$,根据图 11.4,有

$$\begin{cases} \dot{I}_{S1} = \dfrac{\dot{V}_{S1} - \dot{V}_S}{Z_{S1}} = \dfrac{V_{S1}(\cos\varphi_1 + \mathrm{j}\sin\varphi_1) - V_S}{\mathrm{j}X} \\ \dot{I}_{S2} = \dfrac{\dot{V}_{S2} - \dot{V}_S}{Z_{S2}} = \dfrac{V_{S2}(\cos\varphi_2 + \mathrm{j}\sin\varphi_2) - V_S}{\mathrm{j}X} \end{cases} \tag{11.2}$$

其中,φ_1 和 φ_2 是各 IUPS 输出电压 $\dot{V}_{Si}$ 相对电网电压 $\dot{V}_S$ 的相位角。在进行近似分析时,考虑到 φ_1 和 φ_2 很小,可以取 $\sin\varphi_1 \approx \varphi_1$、$\sin\varphi_2 \approx \varphi_2$ 及 $\cos\varphi_1 \approx \cos\varphi_2 \approx 1$,则 IUPS 并联端的环流可以表示为

$$\dot{I}_H = \frac{\dot{I}_{S1} - \dot{I}_{S2}}{2} \approx \frac{V_{S1}(1 + \mathrm{j}\varphi_1) - V_{S2}(1 + \mathrm{j}\varphi_2)}{\mathrm{j}2X} \tag{11.3}$$

与文献[126]的分析类似,可以得到有功和无功环流分别为

$$\begin{cases} P_H \approx \dfrac{V_S^2}{2X}\Delta\varphi \\ Q_H \approx \dfrac{V_S}{2X}\Delta V \end{cases} \tag{11.4}$$

由于输出阻抗 X 通常很小,所以当各 IUPS 输出电压之间存在差异时,环流功率通常会很大,严重时会使系统崩溃。根据式(11.4),可以得到

$$\begin{cases} \Delta\varphi \approx \dfrac{2P_H X}{V_S^2} \\ \Delta V \approx \dfrac{2Q_H X}{V_S} \end{cases} \tag{11.5}$$

式中,$\Delta\varphi$ 和 ΔV 分别是电压相位和幅值的调节量。从式(11.5)可知,并联系统中,各 IUPS 输出电压的相位和幅值主要与有功和无功功率有关,因此可以通过调节各 IUPS 输出的有功和无功功率来减小环流,以保证系统安全运行。对于两个以上系统并联时的情况可以进行类似分析,这里不再介绍。

11.3.2 隔离充放电模块的工作原理

在 UPS 供电和并联供电模式中,隔离充放电模块工作在充电状态,蓄电池电压和电流均需要控制;在蓄电池供电和微电网发电模式中,隔离充放电模块工作在被动放电状态,直流母线电压需要控制;在蓄电池馈电模式下,隔离充放电模块工作在主动放电状态,电池电流需要控制以保证恒流或恒功率放电。

在 IUPS 中,隔离充放电模块主要是 DAB,其工作原理已在前续章节中进行分析,这里不再重复。

11.3.3 逆变模块的工作原理

在 UPS 供电和蓄电池供电模式中,逆变模块工作在简单的 SPWM 逆变状态,

给负载提供高质量的电能。采用正弦波为调制波，三角波为载波，对逆变模块的输出电压进行傅里叶分解，可以得到：

$$v_{\mathrm{o}} = V_{\mathrm{DC}} \left\{ M_{\mathrm{o}} \sin(\omega_{\mathrm{o}} t + \theta_{\mathrm{o}}) + \frac{4}{\pi} \sum_{m=1}^{\infty} \sum_{K=-\infty}^{\infty} \frac{1}{m} \sin\left[(m+K)\frac{\pi}{2} \right] \frac{J_K(mM_{\mathrm{o}}\pi)}{2} \sin\left[K(\omega_{\mathrm{o}} t + \theta_{\mathrm{o}}) \right. \right.$$
$$\left. \left. + m(\omega_{\mathrm{c}} t + \theta_{\mathrm{c}}) \right] \right\} \tag{11.6}$$

其中，M_{o} 为调制比。

由式(11.6)可知，采用 SPWM 控制，可以通过调节调制比 M_{o} 调节逆变模块的交流输出电压。

在并联供电模式中，多个 IUPS 在输出端并联连接，给负载提供更大容量的功率，工作原理与上面提到的微电网发电模式类似，所不同的是并联控制目标由电网电压变成输出电压。

11.4　IUPS 的控制和管理策略

11.4.1　分层控制管理体系

相比传统的 UPS，IUPS 具有更多的工作模式，而不同的工作模式下系统各模块的工作状态不同。为使系统各模式能够正确工作及协调切换，本节提出 IUPS 的分层控制管理体系，如图 11.5 所示。

将控制管理系统分为四层，顶层为控制目标制定层，工作过程中电网掉电、手动控制指令使能等因素都将对控制目标产生影响。上层为工作模式识别层，根据传感器检测到的电压、电流信号或手动控制指令信号，判别系统应该处于的工作模式，并产生相应的逻辑控制信号。中层为核心控制层，在此层中，为了方便管理，将控制系统离散为 11 个模块化的子控制器，分别是：①电网电压控制器；②电网电流控制器；③直流母线电压控制器 1；④直流母线电压控制器 2；⑤电池电压控制器；⑥电池电流控制器；⑦输出电压控制器；⑧输出有功功率控制器；⑨输出无功功率控制器；⑩输入有功功率控制器；⑪输入无功功率控制器。不同的子模块将负责不同的子控制器的管理。在此层中，将根据上层产生的逻辑控制信号判别子模块所处的运行状态，进而对子控制器进行逻辑组合并使能，使能后的子控制器按照特定算法进行计算，并最终产生脉冲调制信号，以实现不同工作模式下稳态和暂态运行的控制目标。下层为执行层，根据中层产生的脉冲调制信号，发出相应的开关管驱动脉冲。在此层中，整流馈电和逆变模块是 SPWM 调制方式，而隔离充放电模块是 PWM 调制方式。

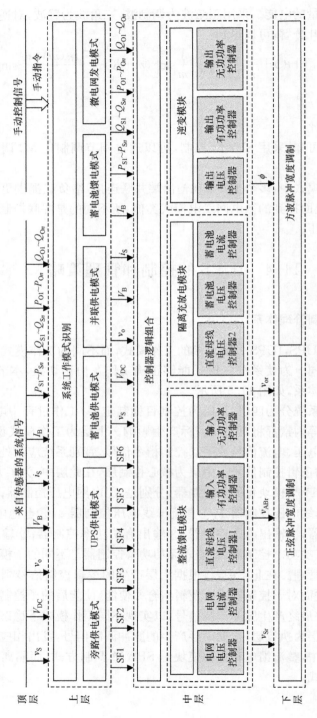

图 11.5 IUPS 的分层控制管理体系

图 11.5 中，v_S、V_{DC}、v_o 及 V_B 分别是电网、直流母线、输出及蓄电池电压；i_S 和 I_B 分别是电网和蓄电池电流；$P_{S1} \sim P_{Sn}$、$Q_{S1} \sim Q_{Sn}$、$P_{O1} \sim P_{On}$ 和 $Q_{O1} \sim Q_{On}$ 分别为各 IUPS 的输入有功功率、输入无功功率、输出有功功率和输出无功功率；SF1～SF6 是二进制逻辑控制信号，依次代表旁路供电模式、UPS 供电模式、蓄电池供电模式、并联供电模式、蓄电池馈电模式以及微电网发电模式，当其为 1 时表示对应的模式使能，反之禁止；v_{Sr} 是微电网发电模式下电网电压的调制信号；v_{ABr} 是 UPS 供电、并联供电或蓄电池馈电模式下整流馈电模块交流侧的调制信号；v_{or} 是 UPS 供电、并联供电或蓄电池供电模式下逆变模块输出侧的调制信号；ϕ 是逆变器 H_3 和 H_4 之间驱动脉冲的移相角。

11.4.2　分散控制逻辑

根据上述分析，不同的控制模式将导致不同的控制目标，进而导致子控制器不同的逻辑组合。定义二进制状态变量 CF1～CF11 依次代表 11.4.1 节所述的 11 个离散化子控制器，当其为 1 时表示对应的子控制器使能，反之禁止。根据工作模式分析，仅仅在微电网发电模式下，系统才失去电网电压支撑，由整流馈电模块对电网电压进行控制，即有

$$CF1 = SF6 \tag{11.7}$$

在 UPS 供电、并联供电或蓄电池馈电模式下，电网电流由整流馈电模块控制以获得高功率因数和低谐波电流，即有

$$CF2 = SF2 \text{ OR } SF4 \text{ OR } SF5 \tag{11.8}$$

在 UPS 供电、并联供电或蓄电池馈电模式下，直流母线电压由整流馈电模块控制，即有

$$CF3 = SF2 \text{ OR } SF4 \text{ OR } SF5 \tag{11.9}$$

在蓄电池供电或微电网发电模式下，直流母线电压由隔离充放电模块控制，即有

$$CF4 = SF3 \text{ OR } SF6 \tag{11.10}$$

在 UPS 供电或并联供电模式下，电池电压由隔离充放电模块控制以实现恒压充电，即有

$$CF5 = SF2 \text{ OR } SF4 \tag{11.11}$$

在 UPS 供电或并联供电模式下，电池电流由隔离充放电模块控制以实现恒流充电；在蓄电池馈电模式下，电池电流被控制以实现恒流放电或恒功率放电，即有

$$CF6 = SF2 \text{ OR } SF4 \text{ OR } SF5 \tag{11.12}$$

在 UPS 供电、蓄电池供电或并联供电模式下，输出电压由逆变模块控制以给负载提供高质量电能，即有

$$CF7 = SF2 \text{ OR } SF3 \text{ OR } SF5 \tag{11.13}$$

在并联供电模式下,输出有功和无功功率由逆变模块控制以实现负载电流均分、减小系统环流,即有

$$CF9 = CF8 = SF4 \tag{11.14}$$

在微电网发电模式下,输入有功和无功功率由整流馈电模块控制以实现微电网中的负载电流均分、减小环流,即有

$$CF11 = CF10 = SF6 \tag{11.15}$$

根据上述分析,可将系统的分散控制逻辑归纳如表 11.1 所示。从表中也可以看出,IUPS 系统的能量交换主要是基于直流母线实现的,因此直流母线的控制逻辑必须精确设计以保证不同模式间的正确切换。另外,为了防止电网谐波污染和提高功率因数,增加了电网电流的闭环控制;为了延长蓄电池组的使用寿命,蓄电池充电管理被设计为恒流充电、恒压充电和浮充充电三状态充电模式。

表 11.1　IUPS 分散控制逻辑

工作模式	控制量		
	整流馈电模块	隔离充放电模块	逆变模块
旁路供电	不控	不控	不控
UPS 供电	i_S, V_{DC}	I_B, V_B	v_o
蓄电池供电	不控	V_{DC}	v_o
并联供电	i_S, V_{DC}	I_B, V_B	v_o, P_o, Q_o
蓄电池馈电	i_S, V_{DC}	I_B	不控
微电网发电	v_S, P_S, Q_S	V_{DC}	不控

11.4.3　分散逻辑控制策略

在 IUPS 的控制策略中,将分层控制管理体系中的 11 个模块化的子控制器均设计为 PI 控制器。

1) 整流馈电模块的分散逻辑控制策略

图 11.6 给出了整流馈电模块的分散逻辑控制策略。其中,V_{DC}^* 是直流母线电压的参考值,i_{Sm} 是电网电流的幅值参考值,v_S^* 和 i_S^* 是电网电压和电流的参考值,$P_{Saver} = (P_{S1} + P_{S2} + \cdots + P_{Sn})/n$ 和 $Q_{Saver} = (Q_{S1} + Q_{S2} + \cdots + Q_{Sn})/n$ 是所有并联 IUPS 的输入有功和无功功率平均值,Δf 和 ΔV_{Sm} 是电网电压频率和幅值调节量。

在 UPS 供电、并联供电和蓄电池馈电模式下,即 CF2 = CF3 = SF2 OR SF4 OR SF5 = 1,直流母线电压控制器 I 和电网电流控制器被选通,组成双闭环控制系统。将直流母线电压偏差经过 PI 控制器后作为电网电流幅值参考,电网电压相位作为电流相位参考,从而得到参考电流;电流偏差经过 PI 控制器后得到调制信号 v_{ABr},其中在电流控制器后增加相电压前馈控制(即在电流跟踪环节 PI 输出值上叠

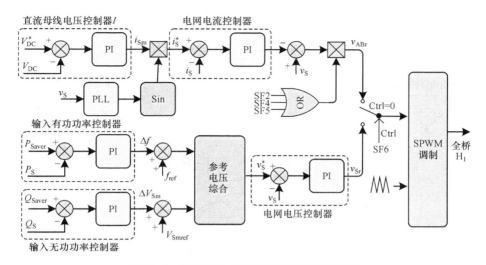

图 11.6　整流馈电模块的分散逻辑控制策略

加相应相电压 u_S),可抑制系统电压波动对输出电流造成的影响[126]。至此,通过控制 v_ABr 的幅值和相位便可以控制直流母线电压和电网电流,进而控制电网侧和直流母线侧功率流动的大小和方向。

在微电网发电模式下,CF1＝CF10＝CF11＝SF6,电网电压控制器、输入有功和无功功率控制器被选通,组成三闭环控制系统。与其他模式不同的是,在微电网发电模式中,IUPS 失去了电网电压支撑,IUPS 需要靠自身控制微电网电压。根据式(11.11)～式(11.14),将有功功率偏差经过 PI 控制器后作为电网电压频率的调节量,将无功功率偏差经过 PI 控制器后作为电网电压幅值的调节量,从而得到参考电压;将电网电压偏差经过 PI 控制器后得到调制信号 v_Sr。至此,通过控制 v_Sr 的幅值和相位便可以控制各并联 IUPS 的电网侧电压保持一致,进而可以消除环流、均分负载。在图 11.6 中,为了避免系统振荡,通过控制电压频率来间接控制相位。

2) 隔离充放电模块的分散逻辑控制策略

图 11.7 给出了 IUPS 中隔离充放电模块的分散逻辑控制策略。其中,V_B^* 是电池电压参考值,I_B1^* 是 UPS 供电和并联供电模式下电池电流参考值,I_B2^* 是蓄电池馈电模式下电池电流参考值,ϕ_1 和 ϕ_2 是不同模式下的移相角。

在蓄电池供电和微电网发电模式下,即 CF4＝SF3 OR SF6＝1,直流母线电压控制器 II 被选通;在 UPS 供电和并联供电模式下,CF5＝SF2 OR SF4＝1,蓄电池电压控制器被选通;在 UPS 供电、并联供电和蓄电池馈电模式下,CF6＝SF2 OR SF4 OR SF5＝1,蓄电池电流控制器被选通。在图 11.7 中,隔离充放电模块仍然采用双闭环控制,将直流母线或蓄电池电压偏差经过 PI 控制器后作为蓄电池电流

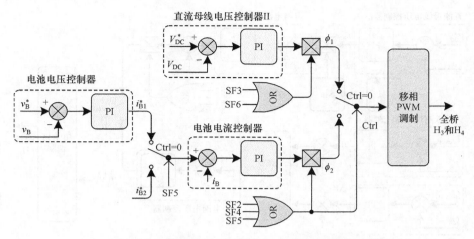

图 11.7　隔离充放电模块的分散逻辑控制策略

幅值参考；蓄电池电流偏差经过 PI 控制器后得到移相角 ϕ_1 或 ϕ_2。至此，通过控制 ϕ_1 或 ϕ_2 便可以控制直流母线电压、蓄电池电压和电流，进而控制直流母线侧和蓄电池侧功率流动的大小和方向。

　　与整流馈电模块的 SPWM 调制不同的是，隔离充放电模块采用的是 PWM 调制。

3）逆变模块的分散逻辑控制算法

图 11.8 给出了逆变模块的分散逻辑控制策略。其中，V_{om}^* 是输出电压幅值的参考值，v_o^* 是输出电压参考值，$P_{Oaver}=(P_{O1}+P_{O2}+\cdots+P_{On})/n$ 和 $Q_{Oaver}=(Q_{O1}+Q_{O2}+\cdots+Q_{On})/n$ 是所有并联 IUPS 输出有功和无功功率的平均值，Δf_o 和 ΔV_{om} 是输出电压频率和幅值调节量。

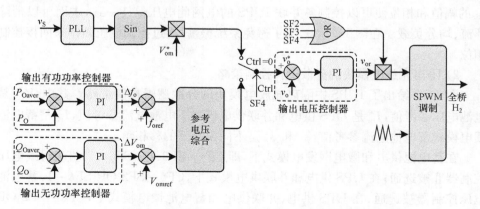

图 11.8　逆变模块的分散逻辑控制策略

在 UPS 供电和蓄电池供电模式下,CF7=SF2 OR SF3 OR SF4=1,输出电压控制器被选通,电压偏差经过控制器后形成输出电压的调制信号 v_{or},通过控制调制信号 v_{or} 来控制输出波形的幅值和正弦度,以减小输出电压的波形畸变。在并联模式下,CF9=CF8=SF4=1,输出有功和无功功率控制器被选通,控制方法与微电网发电模式类似。

11.5　IUPS 的硬件设计与实现

本节共搭建了两版 IUPS 样机,第一版 IUPS 与第 3 章中 DAB 原理样机的设计思路类似,主要以了解 IUPS 的基本运行方式为出发点,并没有过多考虑参数和硬件的优化。样机中,功率器件主要采用 Si-IGBT,磁性元件采用非晶材料,开关频率选取 10kHz。

第二版 IUPS 样机则以 SiC 功率器件和纳米晶软磁材料为基础。基于第 9 章模块化的设计思路,很容易扩展出 SiC-IUPS 的硬件结构,如图 11.9 所示。表 11.2 给出了 IUPS 样机的主要参数。与第 9 章的 SiC-DAB 不同的是,各 IUPS 单元中包含四个功率模块,分别对应图 11.1 中的全桥 $H_1 \sim H_4$。至此,一个 IUPS 单元主要由一个电源模块、一个控制模块、一个信号处理模块、四个功率模块组成。在 PCB 设计中,各模块的大小完全相同,且采用即插即用接口接入母板之中,各模块间通过母板传递信号。

(a) Si-IUPS样机　　　　　　　　　　(b) SiC-IUPS样机

图 11.9　IUPS 样机照片

表 11.2　IUPS 样机的主要参数

参数	符号	数值	单位
输入电感	L_S	3	mH
输入电容	C_S	40	μF
直流母线电容	C	2200	μF
输出电感	L_o	3	mH
输出电容	C_o	40	μF
变压器漏感	L_T	0.3	mH
变压器变比	n	2:1	1
电网电压	v_S	220	V
输出电压	v_o	220	V
直流母线电压	V_{DC}	400	V
蓄电池电压	V_B	192	V

11.6　实验研究

11.6.1　稳态实验分析

在旁路供电模式下,电网直接通过旁路开关给负载供电。输出电压与电网电压完全一致。

图 11.10 给出了 UPS 供电模式下的系统稳态波形。从图中可以看出,电网电压 u_S 与电网电流 i_S 同相位,功率因数为 1,且 i_S 为标准正弦波;直流母线电压 u_{DC} 由整流馈电模块控制,稳定在参考值;蓄电池以 5A 进行恒流充电,端电压 u_B 为 220V;系统输出电压 u_o 有效值为 220V,THD 为 2.4%。

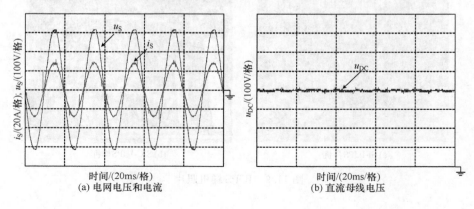

时间/(20ms/格)　　　　　　　　　　　　时间/(20ms/格)
(a) 电网电压和电流　　　　　　　　　　　(b) 直流母线电压

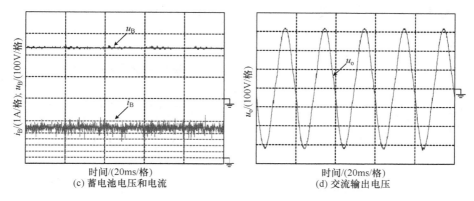

图 11.10　UPS 供电模式下的系统稳态波形

图 11.11 给出了蓄电池供电模式下的系统稳态波形。从图中可以看出,蓄电池端电压 u_B 为 160V,比充电时低;由于直流母线电压由隔离充放电模块控制,而蓄电池电流不控,所以电流在 $-30 \sim -20A$ 范围内以工频 50Hz 的二倍频进行波动;直流母线电压 u_{DC} 仍然稳定在参考值;系统输出电压 u_o 有效值仍为 220V,THD 为 1.6%。

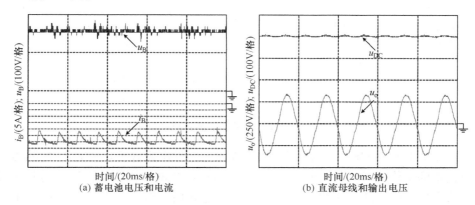

图 11.11　蓄电池供电模式下的系统稳态波形

图 11.12 给出了并联供电模式下的系统稳态波形。在此模式下,每个 IUPS 的整流馈电模块和隔离充放电模块的工作状态与 UPS 供电模式相同,但是三台 IUPS 并联给负载供电,逆变模块需要对输出电压以及输出有功和无功功率进行控制以减小系统环流。从图中可以看出,三台 IUPS 自动均分负荷,并且并联系统两两之间的环流均小于 2A,达到了控制要求。

图 11.13 给出了蓄电池馈电模式下的系统稳态波形。从图中可以看出,电网电压 u_S 与电网电流 i_S 相位相反,功率因数为 -1,仅向电网馈送有功功率,且 i_S 为标准正弦波;蓄电池以 $-20A$ 进行恒流放电,端电压 u_B 为 150V。直流母线电压

u_{DC} 由整流馈电模块控制，波形与图 11.10(b)一致，稳定在参考值。

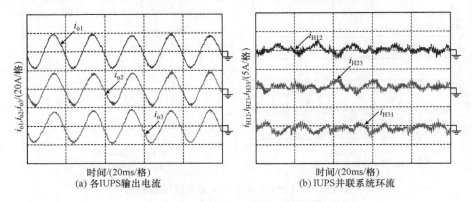

(a) 各IUPS输出电流　　　　　　　　　(b) IUPS并联系统环流

图 11.12　并联供电模式下的系统稳态波形

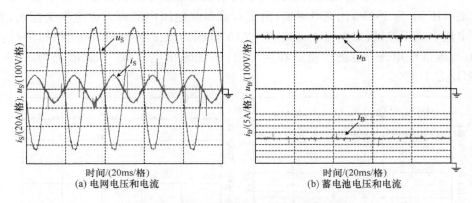

(a) 电网电压和电流　　　　　　　　　(b) 蓄电池电压和电流

图 11.13　蓄电池馈电模式下的系统稳态波形

　　由于具有对称和模块化的系统结构，在微电网发电模式下，各 IUPS 的隔离充放电模块的工作波形与蓄电池供电模式一致，整流馈电模块的工作波形与并联供电模式下的逆变模块工作波形一致，只是并联连接由输出侧转变到电网侧，这里不再重复叙述。

11.6.2　暂态实验分析

　　图 11.14 给出了在 UPS 供电模式下启动时的系统暂态波形。从图中可以看出，为了避免启动时的电流冲击，整流馈电模块先工作在不控整流器状态，通过软启动将直流母线电压逐渐升高到 320V。在此之后，直流母线电压控制器 1、电网电流控制器、蓄电池电流控制器以及输出电压控制器被使能，直流母线电压迅速增大并稳定在参考值，蓄电池以 5A 恒流充电，输出电压也迅速达到稳定状态给负载提供高质量电能。

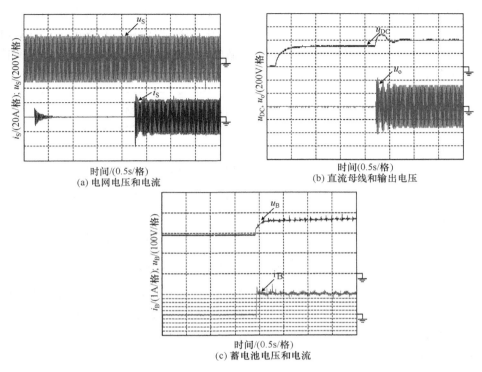

图 11.14　UPS 供电模式下启动时的系统暂态波形

　　图 11.15 给出了在蓄电池供电模式下启动时的系统暂态波形。由于系统失去了电网电压支撑,直流母线电压由隔离充放电模块控制。从图中可以看出,直流母线电压控制器 2 以及输出电压控制器被使能。直流母线电压迅速升高并稳定在参考值,输出电压也迅速达到稳定状态给负载提供高质量电能。蓄电池组工作在被动放电状态,蓄电池电压和电流均处在不控状态,放电功率跟随负载功率。

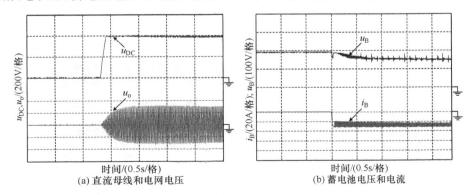

图 11.15　UPS 供电模式下启动时的系统暂态波形

图 11.16 给出了 UPS 供电向蓄电池供电模式转换时的系统暂态波形。从图中可以看出,蓄电池由充电状态迅速切换到放电状态,电流由 5A 降低到−20A,电压由 200V 下降到 170V;直流母线电压和输出电压经过很小的暂态波动后迅速达到稳定状态,保证了供电的不间断性。

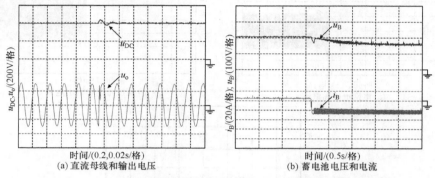

(a) 直流母线和输出电压　　　　　　　(b) 蓄电池电压和电流

图 11.16　UPS 供电切换至蓄电池供电模式时的系统暂态波形

图 11.17 给出了并联供电模式下的系统暂态波形。从图中可以看出,输出电压控制器以及输出有功和无功功率控制器被使能,IUPS 的切入和切出都不影响并联系统的安全运行。在经过短暂调整后,并联系统迅速达到稳定状态,并重新自动均分负荷。

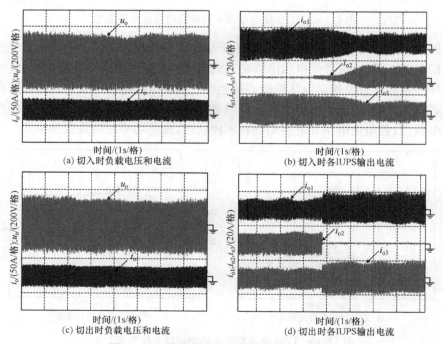

(a) 切入时负载电压和电流　　　　　　(b) 切入时各 IUPS 输出电流

(c) 切出时负载电压和电流　　　　　　(d) 切出时各 IUPS 输出电流

图 11.17　并联供电模式下的系统暂态波形

　　图 11.18 给出了蓄电池馈电模式下启动时的系统暂态波形。从图中可以看出,整流馈电模块先处于不控整流状态,通过软启动将直流母线电压 u_{DC} 逐渐提高至 320V 左右,在这之后,直流母线电压控制器 1、电网电流控制器以及蓄电池电流控制器被使能,直流母线电压迅速升高并稳定在参考值,同时向电网馈送有功电流 i_S;蓄电池由空载迅速切换到放电状态,以 −20A 进行恒流放电,电压由 192V 下降到 170V。

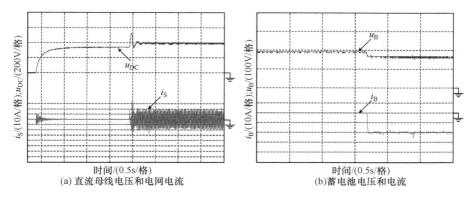

(a) 直流母线电压和电网电流　　　　　　　　(b) 蓄电池电压和电流

图 11.18　蓄电池馈电模式下启动时的系统暂态波形

　　根据上面的实验分析可知,系统在稳态和暂态过程下都能正常工作,且达到了控制要求。

11.7　本 章 小 结

　　本章针对传统 UPS 的技术缺陷以及分布式电源、储能等的发展趋势,提出了基于高频隔离 DAB 变换的 IUPS 解决方案,设计了 IUPS 的拓扑结构、运行方式、控制和管理策略以及硬件平台,并给出了实验分析,研究表明:IUPS 在稳态和暂态过程中均能正常工作,可有效实现电网、分布式电源、储能及负载之间电能的最优利用。

　　事实上,IUPS 如果仅从电源的角度来看会显得局限,而从 PCS 的角度来看,意义更大。尤其是随着分布式电源、储能、电动汽车等的发展,IUPS 正是未来能源互联网背景下智能家庭中小型功率路由器的一个很好的解决方案,在未来柔性配网下智能家庭住宅的能量流动和管理方面具有较大发展前景。

第 12 章 基于 DAB 的直流固态变压器

最近几年,随着功率半导体技术的发展,直流输配电技术的线路造价低、电能损耗小、供电可靠性高、储能和新能源发电系统接入成本低等优点变得越来越突出,使得直流输配电成为目前的研究热点[5,127-131]。在柔性直流输配电中,为了实现不同电压等级母线直接的电压变换和功率传递,DC-DC 变换将是关键。本章主要给出一种基于 DAB 级联的直流固态变压器(DCSST)解决方案,为柔性直流电网中的功率变换提供参考。

12.1 基于 DAB 的 DCSST 拓扑结构

在直流配网中,难以像交流系统通过磁耦合的方式实现电能变换,所以尤其需要基于电力电子技术实现电压和功率变换以及电气隔离。目前,在低压小容量领域,DC-DC 变换器已经得到比较广泛的应用,对于串并联结构的单向 DC-DC 变换器以及高频隔离 DC-DC 变换器(如 DAB)等也有很多文献进行了研究。但是,由于电力电子半导体器件发展程度的限制,中高压大容量等级的 HFI DC-DC 变换器的研究文献不多。文献[13]对基于串并联结构的半桥 IBDC 方案进行了介绍;文献[132]对基于串并联结构的 DAB 方案的小信号模型进行了简单介绍,但是并没有给出工作原理、控制方法以及实验结果等关键技术。另外,从固态变压器(solid state transformer,SST)的角度来看,由于柔性直流配网概念得到重视的时间很短,目前国际上对 SST 的研究大多都集中在交流固态变压器(ACSST)上[79-84,133,134]。

在上述背景下,依托第 1 章介绍的 D-FDCTS 项目,本节提出 DCSST 作为柔性直流配网中的关键环节,以实现高压直流配电和低压直流微电网间电压和功率的灵活控制和快速管理。图 12.1 给出了一种基于 DAB 串并联组合的 DCSST 拓扑结构,其主要由 n 个完全相同的 DAB 变换器组成,n 个 DAB 在高压端串联以接入 HVDC 母线,在低压端并联以接入 LVDC 母线,从而使高压侧电压等级提高 n 倍,低压端电流等级提高 n 倍。事实上,在低压直流微电网中,DAB 变换器本身就可以作为一个最基本的直流变压器。

由于采用了 DCSST 变换器,ADCT 不仅实现了高低压等级的变换,还实现了高低压直流母线的电气隔离以及功率的双向流动。另外,DCSST 舍弃了传统的工频变压器作为变换器两桥之间的连接,直接采用了高频变压器,从而进一步提高了系统的功率密度、模块化程度,降低成本,减少噪声等。

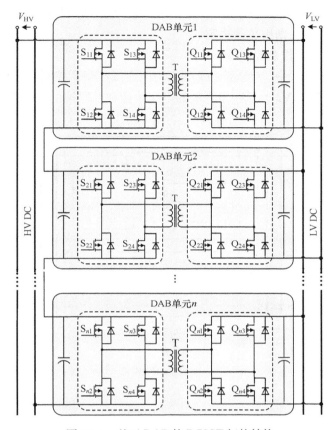

图 12.1　基于 DAB 的 DCSST 拓扑结构

12.2　DCSST 的运行方式

在传统交流磁性变压器中,电压变换主要由绕组匝比决定,而功率流动则由负载决定。而在 DCSST 中,将其设计为三种工作模式,分别为 HV 电压控制模式、LV 电压控制模式和功率控制模式,如图 12.2 所示。

1) 模式 1:HV 电压控制模式

在 HV 电压控制模式中,低压母线电压固定,高压母线电压由 DCSST 控制,功率流动大小和方向则由负载决定。

2) 模式 2:LV 电压控制模式

在 LV 电压控制模式中,高压母线电压固定,低压母线电压由 DCSST 控制。

此外,DCSST 还需要控制各 DAB 单元在串联端的电压平衡和并联端的功率平衡;功率流动大小和方向则由负载决定。

3) 模式 3:功率控制模式

在功率控制模式中,高低压母线电压均固定,DCSST 控制功率流动的大小和方向,并且控制各 DAB 单元在串联端的电压平衡和并联端的功率平衡。

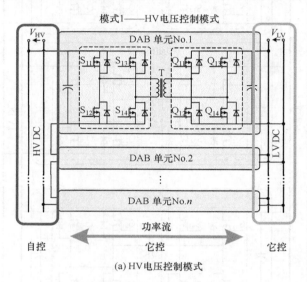

(a) HV 电压控制模式

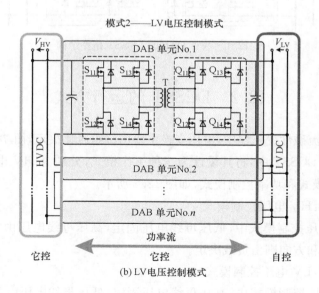

(b) LV 电压控制模式

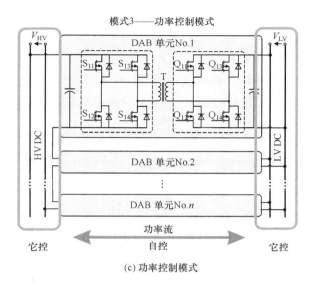

图 12.2　DCSST 的工作模式设计

　　需要注意的是,在上述所有工作模式中,DCSST 的功率既可以正向流动也可以反向流动。基于上述设计,DCSST 不仅实现了高低压的电压等级变换和电气隔离,还实现了电压、电流以及功率的主动控制。事实上,相比交流固态变压器,DCSST 的变换步骤要少,因此具有更高的变换效率。随着直流输配电的快速发展,DCSST 在直流电网中具有较大的应用前景。

12.3　DCSST 的工作原理

　　图 12.3(a) 给出了 DCSST 的平均模型等效电路。其中,V_{HV} 和 V_{LV} 分别为DCSST 高低压直流母线电压,I_{HVi} 和 I_{LVi} 分别为各 DAB 单元在高低压端的平均电流,V_{i1} 和 V_{i2} 分别为各单元在高低压端的平均电压,I_{i1} 和 I_{i2} 分别为各单元在高低压端的全桥变换器的平均电流,P_i 为各单元传输功率的平均值;在上述变量中,$i=1,2,3,\cdots,n$。

　　与第 3 章的分析类似,对于各 DAB 单元,传输功率可以表示为

$$P_i = \frac{n_T V_{i1} V_{i2}}{2 f_s L} D_i (1 - D_i) \tag{12.1}$$

式中,D_i 为各 DAB 单元的移相比;f_s 为开关频率;n_T 为变压器变比;L 为串联辅助电感和 HFI 变压器 T 的漏感之和。

　　对于 DCSST,各 DAB 单元在串联侧的电流相等,在并联侧的电压相等,可以得到

$$\begin{cases} V_{HV} = V_{11} + V_{21} + \cdots + V_{n1} \\ I_{HV} = I_{HV1} = I_{HV2} = \cdots = I_{HVn} \\ V_{LV} = V_{12} = V_{22} = \cdots = V_{n2} \\ P_{DCSST} = P_1 + P_2 + \cdots + P_n \end{cases} \tag{12.2}$$

其中，P_{DCSST} 为 DCSST 的传输功率。当 DAB 的控制和参数一致时，有

$$D = D_1 = D_2 = \cdots = D_n \tag{12.3}$$

根据式(12.1)～式(12.3)可以得到

$$P_{DCSST} = \frac{n_T V_{HV} V_{LV}}{2 f_s L} D(1-D) \tag{12.4}$$

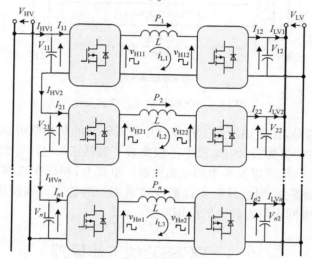

(a) 等效电路

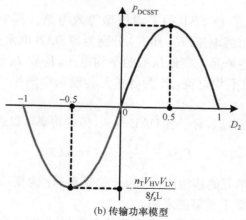

(b) 传输功率模型

图 12.3　DCSST 的工作原理

图 12.3(b)给出了 DCSST 的传输功率模型。从功率模型可以看出,在各 DAB 单元的控制方法和参数相同时,DCSST 与 DAB 的传输功率模型也是完全相同的。最大传输功率在 $D=0.5$ 处取得;当 $D \leqslant 0.5$ 时,传输功率 P_{DCSST} 随着移相比的增加而增加。DCSST 与 DAB 功率模型的区别在于其高压端直流电压是所有 DAB 单元串联电压的总和。另外,在 DCSST 中,同样可以采用 EPS 和 DPS 等先进控制方法,分析结果类似。

忽略系统的功率损耗,稳态下,一个开关周期内流过电容的电流平均值为 0,根据图 12.3 有

$$\begin{cases} I_{\text{HV}i}=I_{i1} \\ I_{\text{LV}i}=I_{i2} \end{cases} \tag{12.5}$$

DAB 单元的传输功率在输入和输出端相等,即

$$P_i=V_{i1}I_{i1}=V_{i2}I_{i2} \tag{12.6}$$

根据式(12.2)、式(12.5)和式(12.6),可得

$$V_{11}=V_{21}=\cdots=V_{n1} \Rightarrow P_1=P_2=\cdots=P_n \tag{12.7}$$

由式(12.7)可知,通过控制 DAB 单元串联端的电压平衡,便得到并联端的功率平衡。

12.4　DCSST 的控制和管理策略

相比 IUPS,DCSST 由于只含有一级 HFI 模块,无需其他模块的协调操作,控制和管理相对容易。

图 12.4 给出了 DCSST 的分散逻辑控制策略。SF1～SF3 是二进制逻辑控制信号,依次代表 HV 电压控制模式、LV 电压控制模式以及功率控制模式,当其为 1 时表示对应的模式使能,反之禁止。各 DAB 单元具有完全相同的控制模型,分别由 HV 电压控制器、HV 电流控制器、LV 电压控制器、LV 电流控制器、平衡控制器组成。

在 HV 电压控制模式中,低压母线电压固定,HV 电压和电流控制器被选通,各 DAB 控制各自高压端电压,并保证各自电压相等以均分负载,功率流动大小和方向则由负载决定,这与 IUPS 的蓄电池供电模式类似。

在 LV 电压控制模式中,高压母线电压固定,LV 电压和电流控制器以及平衡控制器被选通,低压母线电压由 DCSST 控制。此外,DCSST 还控制各 DAB 单元在串联端的电压平衡;功率流动大小和方向则由负载决定。在图 12.4 的 LV 电压控制模式中,LV 电压控制器将母线电压 V_{LV} 与参考值 V_{LVr} 间的误差送入 PI 控制器,PI 控制器的输出作为各 DAB 单元电流内环控制器的统一参考值。平衡控制器采集各 DAB 串联单元的直流电压 V_{i1},按式(12.8)计算平均电压 $V_{1\text{aver}}$,并根据

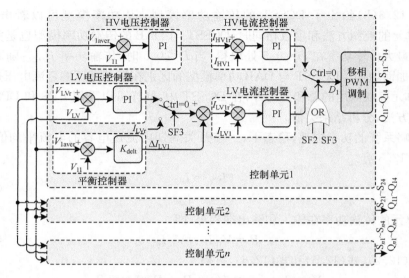

图 12.4　DCSST 的分散逻辑控制策略

V_{1aver} 和 V_{i1} 之差计算出各 DAB 单元参考电流的校正量 ΔI_{LVi}，LV 电压控制器的输出与校正量 ΔI_{LVi} 之和即各 DAB 单元的电流参考值。

$$V_{1aver} = (V_{11} + V_{21} + \cdots + V_{n1})/n \qquad (12.8)$$

在校正量 ΔI_{LVi} 的计算中不含有积分参数，只有比例控制参数 K_{delt}，可得

$$\begin{cases} \Delta I_{LVi} = K_{delt}(V_{1aver} - V_{i1}) \\ \Delta I_{LV1} + \Delta I_{LV2} + \cdots + \Delta I_{LVn} = 0 \end{cases} \qquad (12.9)$$

根据式(12.9)，所有电流校正量之和为零，因此平衡控制对低压母线电压的控制没有影响。

在功率控制模式中，DCSST 控制状态与 LV 电压控制模式基本类似，所不同的是在功率控制模式中高低压母线电压均固定，只有 LV 电流控制器和平衡控制器被选通，LV 电流控制器的统一参考值根据指定的功率传输大小直接计算得到。

12.5　DCSST 的硬件设计和实现

结合第 9 章的分析，表 12.1 给出了 DCSST 的主要电路参数设计。在硬件设计上，DCSST 样机同样以 SiC 功率器件和纳米晶软磁材料为基础，并采用分布式和模块化的设计思路，如图 12.5 所示。三个 DAB 单元具有完全相同的控制和功率系统。各 DAB 单元均由一个电源模块、一个控制模块、一个信号处理模块、两个功率模块和一个磁性模块组成。在 PCB 设计中，各模块的大小完全相同，且采用即插即用的结构将其插入母板中，控制和功率系统之间通过母板实现信号传递，

而各 DAB 单元间通过光纤实现信号传递。

表 12.1　DCSST 样机的主要参数

参数	符号	数值	单位
高压直流母线电压	V_{HV}	600	V
低压直流母线电压	V_{LV}	200	V
额定功率	P	2	kW
开关频率	f	20	kHz
各单元直流电容	C_{11}/C_{LV}	3300	μF
变压器匝比	$n_T = N_1 : N_2$	1 : 1	1
辅助串联电感	L	100	μH
DAB 单元数量	n	3	

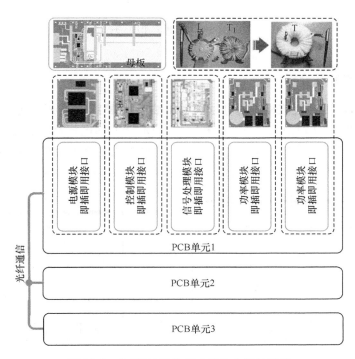

图 12.5　DCSST 的分布式模块化设计策略

图 12.6 给出了 DCSST 样机照片。各 DAB 单元分别安装在各自的机箱内，不仅可以串并联组成 DCSST 运行，也可以独立运行。

图 12.6　DCSST 的样机照片

12.6　实　验　研　究

12.6.1　稳态实验分析

稳态下,高低压直流母线的电压和电流波形如图 12.7 所示。可以看出,高低压直流母线电压分别稳定在 600V 和 200V,DCSST 的电压和电流变换均工作正常。另外,由于 DAB 的回流功率效应,HV 直流母线电流中存在一定的纹波。

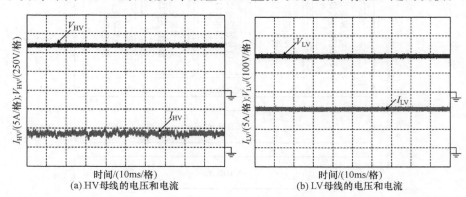

　　　　(a) HV 母线的电压和电流　　　　　　　　(b) LV 母线的电压和电流

图 12.7　高低压直流母线电压和电流的稳态波形

稳态下,各 DAB 单元在串联端的电压波形以及高频交流环节的电流波形如图 12.8 所示。从图中可以看出,各 DAB 单元的串联电压均相等,表现了较好的电压平衡效果;各高频交流环节的电流也相等,表现了较好的功率平衡效果。

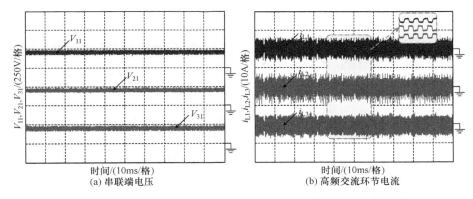

图 12.8　DAB 单元串联端电压和高频交流环节电流的稳态波形

12.6.2　暂态实验分析

在传输功率方向切换时,高低压直流母线的电压和电流波形如图 12.9 所示。从图中可以看出,t_0 之前,DCSST 的功率从高压直流母线流向低压直流母线;而 t_0 之后,功率从低压直流母线流向高压直流母线。当传输功率方向切换时,高压直流母线电压基本维持恒定,而其他电压和电流在经过一段暂态后很快恢复稳定,并且保持固定的电压和电流变换比。

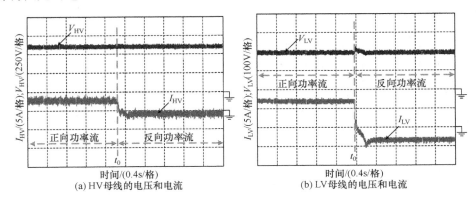

图 12.9　功率方向切换时,高低压直流母线电压和电流的暂态波形

在传输功率方向切换时,各 DAB 单元在串联端的电压波形以及高频交流环节的电流波形如图 12.10 所示。从图中可以看出,当功率方向切换时,各 DAB 单元的串联电压和高频交流电流经过一段暂态后很快恢复稳定,并且保持了较好的电压和功率平衡效果。

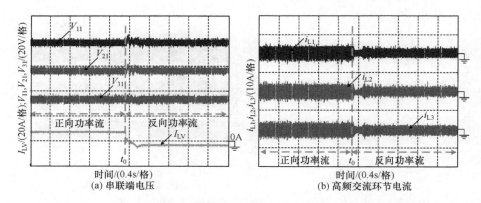

图 12.10 功率方向切换时,各单元串联端电压和高频交流环节电流的暂态波形

　　根据上述分析,在稳态和暂态下,DCSST 均能稳定工作,并且表现出了较好的控制效果。

　　图 12.11 给出了 DCSST 效率随传输功率变化时的实验结果。从图中可以看出,当功率从高压直流母线流向低压直流母线时,DCSST 效率均保持在 95.0% 以上;在额定功率 $P_{DCSST} = 2kW$ 时,效率为 95.4%;在 $P_{DCSST} = 610W$ 时,取得最大效率 98.1%。当功率从低压直流母线流向高压直流母线时,DCSST 效率均保持在 95.3% 以上;在额定功率 $P_{DCSST} = -2kW$ 时,效率为 95.3%;在 $P_{DCSST} = -590W$ 时,取得最大效率 97.8%。

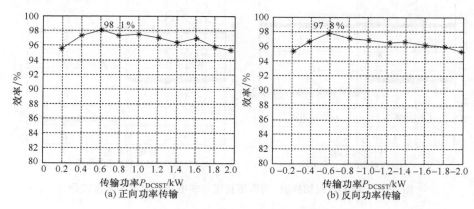

图 12.11 DCSST 的效率特性

12.7　本章小结

　　针对柔性直流输配电的发展趋势,本章提出了 DCSST 作为柔性直流配网中

的关键环节,并给出了基于 DAB 串并联结构的 DCSST 解决方案,设计了 DCSST 的拓扑结构、运行方式、控制和管理策略以及硬件平台,研究表明:DCSST 不仅实现了高低直流配网的电压等级变换和电气隔离,还实现了电压、电流以及功率的主动控制。事实上,从后续的实验结果中也可以看出,相比 ACSST,DCSST 的变换步骤要少,因此具有更高的变换效率,更易达到实际应用的需求。随着直流输配电的快速发展,DCSST 在直流配电中的应用前景巨大。

第 13 章　基于 DAB 的交流固态变压器

相比传统的工频磁芯变压器,固态变压器(又称电力电子变压器)具有更高的功率密度、更快的响应速度、更好的谐波特性,以及更灵活的电压变换和能量管理功能,是现代电力电子学的研究热点。本章主要给出以 DAB 为核心的交流固态变压器(ACSST)解决方案。

13.1　基于 DAB 的 ACSST 拓扑结构

图 13.1 给出了以 DAB 为核心的 ACSST 拓扑结构。ACSST 主要可以分为

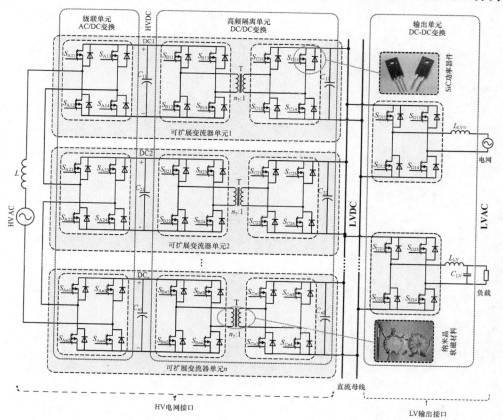

图 13.1　基于 DAB 的 ACSST 拓扑结构

高压(HV)电网接口环节、直流母线环节以及低压(LV)输出环节。直流母线是 ACSST 功率流动和电压变换的关键环节,在基于 ACSST 的微电网或功率路由器中,其还可以作为各种分布式电源、储能和负载单元的中间接口。低压输出环节主要由 DC-AC 变换器组成,既可以接入各种有源和无源负载,也可以接入 LVAC 电网。

根据上面的分析,ACSST 的电压电流状态依次为 HV 工频 AC、HVDC、LV 高频 AC、LVDC、LV 工频 AC。因此,从变换步骤来看,ACSST 可以看成一个三步变换系统,分为级联单元 AC-DC 变换、HFI 单元 DC-DC 变换、输出单元 DC-AC 变换。

13.2　ACSST 的运行方式

由于 ACSST 的功率环节和变换步骤较多,为了保证系统可靠性,与 DCSST 的工作模式设计不同,在本书的 ACSST 中,将其设计为 LVAC 负载模式和 LVAC 电网模式,而 HVAC 端主要由电网等提供稳定的交流源。

1) LVAC 负载模式

在 LVAC 负载模式中,LVAC 电压由 ACSST 控制,功率流动大小和方向则由负载决定。

2) 模式 2:LVAC 电网模式

在 LVAC 电网模式中,HV 和 LV 交流端电压均固定,ACSST 控制功率流动的大小和方向。

相比传统的工频磁性变压器,ACSST 不仅可以实现高低压的电压等级变换和电气隔离,还可以实现电压、电流以及功率的主动控制,在提高系统灵活性的同时减小电压、电流波形畸变带来的谐波污染,提高变换效率。另外,由于 HFI 变压器的使用,还可以进一步提高系统的功率密度和模块化程度。

13.3　ACSST 的工作原理

图 13.2 给出了 ACSST 的平均模型等效电路。其中,v_{HVs} 和 v_{LVs} 分别为 ACSST 的 HV 和 LVAC 端电压,v_{si} 和 i_{si} 分别为各级联子单元在 HVAC 端的电压和电流,v_{s0} 和 i_{s0} 分别为输出单元在 LVAC 端电压和电流,其余变量与第 12 章中 DCSST 的定义相同;在上述变量中,$i=1,2,3,\cdots,n$。

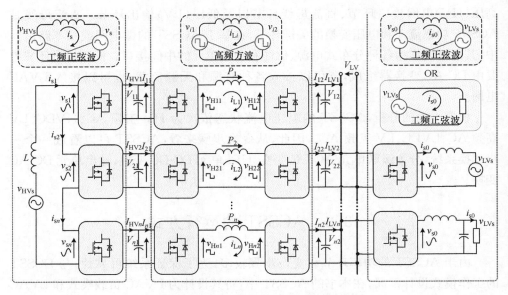

图 13.2　ACSST 的平均模型等效电路

13.3.1　级联单元的工作原理

对于级联单元,可以等效为两个工频正弦交流电压源 v_{HVs} 和 v_{s} 连接在一个电感两端,通过调节 v_{HVs} 和 v_{s} 之间的相位和幅值,便可以调节传输功率的大小和方向。在图 13.2 中,v_{s} 为各级联子单元交流输出电压的基波分量之和,i_{s} 为交流端电流,可得

$$\begin{cases} v_{\mathrm{s}} = v_{\mathrm{s}1} + v_{\mathrm{s}2} + \cdots + v_{\mathrm{s}n} \\ i_{\mathrm{s}} = i_{\mathrm{s}1} = i_{\mathrm{s}2} = \cdots = i_{\mathrm{s}n} \end{cases} \tag{13.1}$$

建立级联单元的微分方程,有

$$\begin{cases} C\dfrac{\mathrm{d}v_{i1}(t)}{\mathrm{d}t} = i_{\mathrm{s}}(t)S_i(t) - \dfrac{v_{i1}(t)}{R_{\mathrm{L}i}} \\ L\dfrac{\mathrm{d}i_{\mathrm{s}}(t)}{\mathrm{d}t} + \displaystyle\sum_{i=1}^{n} v_{i1}(t)S_i(t) = v_{\mathrm{HVs}}(t) \end{cases} \tag{13.2}$$

其中,$R_{\mathrm{L}i}$ 和 $S_i(t)$ 分别为各级联子单元的等效负载电阻和开关函数,$S_i(t)$ 可以取值 1、-1 或 0。取 HVAC 电网电压 v_{HVs} 为

$$v_{\mathrm{HVs}}(t) = \sqrt{2}V_{\mathrm{HVs}}\sin(\omega t + \delta) \tag{13.3}$$

其中,δ 为 v_{HVs} 和 v_{s} 之间的相角差。

将电流进行有功和无功分解,并对开关函数进行傅里叶变换,可以得到电流和开关函数的基本分量为

$$\begin{cases} i_s(t) = \sqrt{2}\, i_p(t)\sin(\omega t) + \sqrt{2}\, i_q(t)\cos(\omega t) \\ S_i(t) = \sqrt{2}\, M\sin(\omega t) \end{cases} \tag{13.4}$$

其中，$i_p(t)$ 和 $i_q(t)$ 分别为电流的有功和无功分量，M 为调制比。将式(13.3)和式(13.4)代入式(13.2)可得

$$\frac{\mathrm{d}}{\mathrm{d}t}\begin{bmatrix} i_p(t) \\ i_q(t) \\ V_{i1}(t) \end{bmatrix} = \begin{bmatrix} 0 & \omega & -\dfrac{nM}{L} \\ -\omega & 0 & 0 \\ \dfrac{M}{C} & 0 & -\dfrac{1}{CR_{Li}} \end{bmatrix}\begin{bmatrix} i_p(t) \\ i_q(t) \\ V_{i1}(t) \end{bmatrix} + \begin{bmatrix} \cos\delta \\ \sin\delta \\ 0 \end{bmatrix}\frac{V_{HVs}}{L} \tag{13.5}$$

式中，$V_{i1}(t)$ 为级联子单元在 HVDC 端的平均电压，即 $v_{i1}(t)$ 的直流分量。

另外，$\mathrm{d}q$ 坐标系下传输功率可以表示为

$$\begin{cases} p = v_{sd} i_p \\ q = v_{sd} i_q \end{cases} \tag{13.6}$$

根据上述分析，可以通过控制 HVDC 电压或 HVAC 电流来控制级联单元的功率传输。

通常，级联单元的控制方法有载波移相 SPWM、优化 PWM、空间矢量 PWM。为了获得较高的等效开关频率和响应速度，本书采用载波移相 SPWM 控制，如图 13.3(a)所示。相邻两个子单元的载波移相角相差 $2\pi/n$。

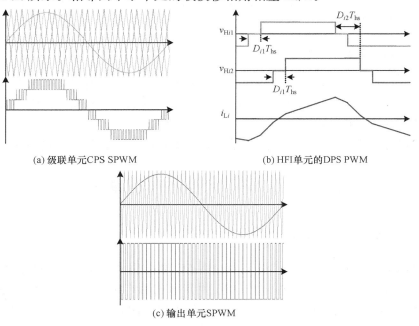

(a) 级联单元CPS SPWM　　　　　　(b) HFI单元的DPS PWM

(c) 输出单元SPWM

图 13.3　ACSST 各单元的脉冲调制原理

假设各级联子单元在 HVDC 端的平均电压相等，为 V_{DC}。对交流输出电压进行傅里叶分解，可以得到

$$v_s = V_{DC}\left\{nM\sin(\omega_s t + \theta_s) + \frac{4n}{\pi}\sum_{k=1}^{\infty}\sum_{K=-\infty}^{\infty}\frac{1}{kn}\times\sin\left[(kn+K)\frac{\pi}{2}\right]\frac{J_K(knM\pi)}{2}\right.$$

$$\left. \times\sin\left[K(\omega_s t + \theta_s) + kn(\omega_c t + \theta_c)\right]\right\} \tag{13.7}$$

其中，ω_s 和 θ_s 分别为调制波频率和初始相角，ω_c 和 θ_c 分别为载波频率和初始相角，J_K 为 K 阶贝塞尔函数，为

$$J_K = \frac{1}{2\pi}\int_{-\pi}^{\pi}e^{-jx\sin y}e^{jKy}dy \tag{13.8}$$

由式 (13.7) 可知，采用载波移相 (CPS)SPWM 控制可以使输出电压的幅值增加 n 倍，并且可以消除非 n 的整数倍次谐波。由于输出电压与调制比 M 成正比，所以通过调节 M 就可以调节级联单元的交流输出电压，进而调节传输功率。

13.3.2　HFI 单元的工作原理

在 ACSST 中，HFI 单元与 13.3.1 节所述的 DCSST 工作原理类似。与级联单元相比，HFI 单元中的每个 DAB 子单元同样可以等效为两个交流电压源 $v_{H i1}$ 和 $v_{H i2}$ 连接在一个电感两端，通过调节 $v_{H i1}$ 和 $v_{H i2}$ 之间的相位和幅值，便可以调节传输功率的大小和方向。所不同的是级联单元的电压源为工频正弦波，而 DAB 子单元中的电压源为高频方波。

13.3.3　输出单元的工作原理

对于输出单元，当接入电网时，与级联单元的等效电路类似。而接入负载时，则仅等效为一个工频正弦电压源连接在负载两端，传输功率由负载决定，工作原理与 IUPS 的逆变模块类似，采用简单的 SPWM 控制输出单元，如图 13.3(c) 所示，便可以通过调节调制比调节输出单元的交流输出电压，进而调节传输功率。

13.4　ACSST 的控制和管理策略

13.4.1　协调控制管理策略

根据 13.3 节分析，在 ACSST 中，HVAC 端电压由 HVAC 电网提供。AC-SST 需要控制的有：HVAC 端电流，保证并网电流始终具有较高的正弦度，减小电网的谐波污染；级联单元直流端电压，这里除了要控制各级联子单元在 HVDC 端的电压，还要保证各直流电压的平衡；LVDC 端母线电压，保证输出单元稳定工

作;各 DAB 子单元在 LVDC 端的电流,保证各 DAB 子单元在并联端的功率平衡。另外,当输出单元接入电网中时,还需要控制 LVAC 端电流,保证低压并网电流也始终具有较高的正弦度,减小电网的谐波污染;而当输出单元接入负载时,需要控制 LVAC 端电压,以保证负载供电质量。需要注意的是,当输出单元接入负载时,ACSST 的功率传输是由负载决定的;而当输出单元接入电网时,ACSST 还需要控制整个系统的功率流动,包括有功功率的发出与吸收以及无功功率的发出与吸收。根据上述分析,相比传统的磁性变压器,ACSST 具有更加灵活的功率调节能力,并且可以减少电网污染和提高供电质量。

根据上述分析,对于 ACSST,控制变量较多,为了使系统能够正确工作,这里主要给出四种可行的协调控制管理策略。

1) 协调控制管理策略 A

在策略 A 中,级联单元主要控制 HVAC 端并网电流的正弦性,以及 n 个级联子单元在 HVDC 端的电压总和;HFI 单元主要控制 LVDC 端母线电压和各 DAB 子单元在 LVDC 端的功率平衡,以及 n 个级联子单元在 HVDC 端电压的平衡;输出单元则主要控制 LVAC 端电压或者整个 ACSST 系统的功率流动及 LVAC 端电流的正弦性。

2) 协调控制管理策略 B

在策略 B 中,级联单元主要控制 HVAC 端并网电流的正弦性,以及 LVDC 端母线电压;HFI 单元主要控制 n 个级联子单元在 HVDC 端的电压和各 DAB 子单元在 LVDC 端的功率平衡;输出单元则主要控制 LVAC 端电压或者整个 ACSST 系统的功率流动及 LVAC 端电流的正弦性。

3) 协调控制管理策略 C

在策略 C 中,级联单元主要控制整个 ACSST 系统的功率流动以及 HVAC 端并网电流的正弦性;HFI 单元主要控制 n 个级联子单元在 HVDC 端的电压和各 DAB 子单元在 LVDC 端的功率平衡;输出单元则主要控制 LVDC 端母线电压及 LVAC 端电流的正弦性。

4) 协调控制管理策略 D

在策略 D 中,级联单元主要控制整个 ACSST 系统的功率流动以及 HVAC 端并网电流的正弦性;HFI 单元主要控制 LVDC 端母线电压和各 DAB 子单元在 LVDC 端的功率平衡,以及 n 个级联子单元在 HVDC 端电压的平衡;输出单元则主要控制 n 个级联子单元在 HVDC 端的电压总和以及 LVAC 端电流的正弦性。

表 13.1 给出了四种控制管理策略对比。相比策略 A,策略 B 采用级联单元对 LVDC 端母线电压进行控制,需要经过 HFI 单元进行跨级控制,响应速度较慢,并且两级控制相互影响,实现相对困难。同样,相比策略 C,策略 D 采用输出单元对 HVDC 电压进行跨级控制,响应速度较慢,并且两级控制相互影响,实现相对困

难。另外,当输出单元接入电网时,相对策略 A,策略 C 不需要对各级联子单元在 HVDC 端的电压平衡进行控制,因此控制相对简单、可靠。但是,策略 C 和 D 仅仅是针对输出单元接入电网的情况,对于输出单元接入负载的情况则不适合。因此,本书将主要采用策略 A 对各单元的控制方法进行设计。

表 13.1　协调控制管理策略对比

策略	控制变量		
	链式单元	HFI 单元	输出单元
A	i_S, V_{HV}	$V_{LV}, V_{i1}=V_{j1},$ $P_i = P_{ACSST}/n$	v_{LVs} P_{ACSST}, i_{S0}	负载 电网
B	i_S, V_{LV}	$V_{HV}, V_{i1}=V_{HV}/n,$ $P_i = P_{ACSST}/n$	v_{LVs} P_{ACSST}, i_{S0}	负载 电网
C	i_S, P_{ACSST}	$V_{HV}, V_{i1}=V_{HV}/n,$ $P_i = P_{ACSST}$	V_{LV}, i_{S0}	
D	i_S, P_{ACSST}	$V_{LV}, V_{i1}=V_{j1},$ $P_i = P_{ACSST}$	V_{HV}, i_{S0}	

事实上,在提出的控制管理策略 A 中,n 个级联子单元 HVDC 端的电压平衡由 DAB 来控制,相比级联单元同时控制 HVDC 端的电压总和和电压平衡的方法,DAB 子单元控制平衡不需要进行解耦控制,相对简单、可靠。

13.4.2　分层控制管理体系

与 IUPS 的分析类似,在 ACSST 中,控制环节较多,为了使其能够正确工作,同样采用分层控制管理对其进行设计,如图 13.4 所示。

将控制体系分为四层,顶层为控制目标制定层,检测 ACSST 工作过程中的各项电量参数,接收控制系统所需的各项控制指令。上层为工作模式识别层,根据传感器检测到的电压、电流信号或控制指令信号,判别系统应该处于的工作模式,并产生相应的逻辑控制信号 LM、GM、FM。其中,LM、GM、FM 分别为 LVAC 负载模式、LVAC 电网模式以及故障模式的识别信号。中层为核心控制层,根据上层的工作模式,对控制器进行逻辑组合并使能,使能后的控制器按照 13.4.1 节所述算法进行计算,并最终产生脉冲调制信号;在此层,将控制系统离散为九类模块化的子控制器,分别是 HVDC 电压控制器、HVAC 电流控制器、LVDC 电压控制器、LVDC 电流控制器 $1 \sim n$、HVDC 平衡控制器 $1 \sim n$、LVAC 电压有效值控制器、LVAC 电压控制器、LVAC 电流控制器、ACSST 功率控制器。通过它们的组合实现不同工作模式下稳态和暂态运行的控制目标。下层为执行层,根据中层产生的脉冲调制信号,发出相应的开关管驱动脉冲。

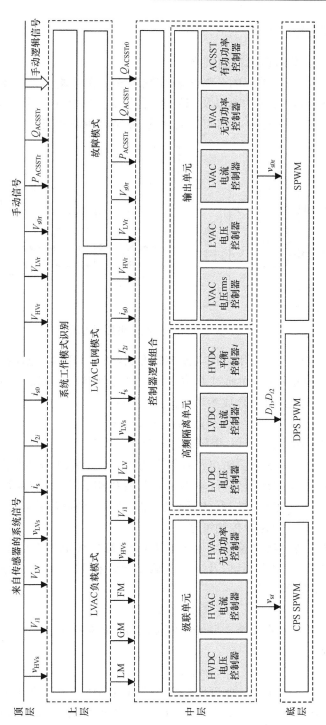

图 13.4　ACSST 的分层控制管理体系

13.4.3　分散逻辑控制策略

1）级联单元的分散逻辑控制策略

图 13.5 给出了级联单元的分散逻辑控制策略。在策略 A 中，级联单元主要控制 HVAC 端电流和无功功率以及 HVDC 端电压。图中，V_{HVr} 是 V_{HV} 的参考值，i_{pr} 和 i_{qr} 分别是参考电流 i_{sr} 的 d 轴和 q 轴分量，v_{sr} 是电压调制波。

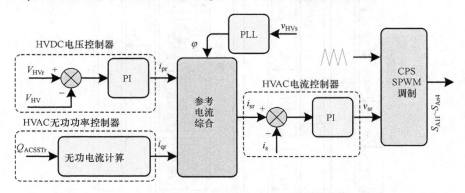

图 13.5　级联单元的分散逻辑控制策略

图 13.5 中，级联单元采用直接电流控制方法，通过 HVDC 电压控制器可以得到参考电流的 d 轴分量 i_{pr}，而通过无功功率可以得到参考电流的 q 轴分量 i_{qr}；然后，根据瞬时功率理论，可以合成参考电流 i_{sr} 如下：

$$i_{sr}=i_{pr}\cos\varphi+i_{qr}\sin\varphi \tag{13.9}$$

其中，φ 为高压电网电压的相角，由锁相环得到。

将得到的参考电流送入瞬时电流控制器可以得到 PWM 调制所需的电压调制波 v_{sr}。根据之前工作原理的分析，本书采用载波移相 SPWM 实现从调制波到各级联子单元实际开关状态的控制，相邻两个级联子单元的载波移相角相差 $2\pi/n$。

2）HFI 单元的分散逻辑控制策略

在策略 A 中，高频隔离单元主要控制 LVDC 端母线电压和各 DAB-IBDC 子单元在 LVDC 端的功率平衡，以及 n 个级联子单元在 HVDC 端的电压平衡。根据图 13.2，对于级联单元有

$$i_{HVi}(t)=i_{si}(t)S_i(t) \tag{13.10}$$

由于各级联子单元在交流串联端的电流相等，而各子单元开关函数又相同，因此可以得到

$$I_{HV1}=I_{HV2}=\cdots=I_{HVn} \tag{13.11}$$

所以，在 ACSST 中，HFI 单元也可以等效为各个 DAB 子单元在 HVDC 端串联，工作状态与 DCSST 类似。不同的是，由于 ACSST 结构复杂，高频隔离单元在工

作中仅含有 DCSST 中 LV 电压控制模式,图 13.6 给出了 ACSST 中 HFI 单元的
分散逻辑控制策略。

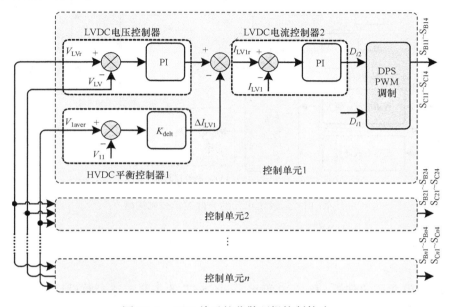

图 13.6　HFI 单元的分散逻辑控制策略

3）输出单元的分散逻辑控制策略

在策略 A 中,输出单元主要控制 LVAC 端电压或者整个 ACSST 的功率流动
及 LVAC 端电流的正弦性。图 13.7 给出了输出单元的分散逻辑控制策略。根据
输出端接入负载的不同,输出单元设计为 LVAC 电压控制和功率控制两种模式。
当输出端接负载时,LVAC 电压控制模式选通;但输出端接电网时,功率控制模式
选通。图中,V_{s0r} 是 V_{s0} 的参考值,i_{p0r} 和 i_{q0r} 分别是参考电流 i_{s0r} 的 d 轴和 q 轴分量,
v_{s0r} 是电压调制波。

LVAC 电压控制模式采用电压有效值外环和瞬时值内环的双闭环控制策略,
电压有效值偏差经过 LVAC 电压有效值控制器后形成输出电压的幅值参考值,以
保证输出电压波形的幅值与参考值一致;电压瞬时值偏差经过 LVAC 电压瞬时值
控制器后形成输出电压的调制信号,与三角载波进行比较得到开关管的驱动脉冲,
瞬时值环用来控制电压波形的正弦度,减小输出电压的波形畸变。

与级联单元类似,输出单元的功率控制模式同样采用直接电流控制方法,通过
给定的有功和无功功率参考值可以分别得到参考电流的 d 轴和 q 轴分量 i_{p0r} 和 i_{q0r}
0,进而合成参考电流 i_{s0r};将得到的参考电流送入 LVAC 电流控制器得到所需的
电压调制波 v_{s0r}。根据上述工作原理的分析,采用 SPWM 调制算法进一步得到开
关管驱动脉冲。

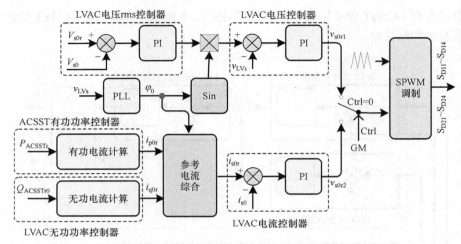

图 13.7　输出单元的分散逻辑控制策略

13.5　ACSST 的硬件设计和实现

结合第 9 章的分析,表 13.2 给出了 ACSST 的主要电路参数设计。在硬件设计上,ACSST 样机以 SiC 功率器件和纳米晶软磁材料为基础,并与 DCSST 的分布式和模块化的设计思路相同,如图 13.8 所示。三个可扩展变流单元具有完全相同的控制和功率系统。与 DCSST 不同的是,各个可扩展变流单元中包含有三个功率模块。

表 13.2　ACSST 样机的主要参数

参数	符号	数值	单位
HVAC 电压	V_{HVs}	380	V
HVDC 电压	V_{HV}	600	V
LVDC 电压	V_{LV}	200	V
LVAC 电压	V_{LVs}	120	V
HVAC 电感	L	5	mH
HVDC/LVDC 电容	C_{i1}/C_{i2}	3300	μF
LVAC 电容	C_{LV}	40	μF
LVAC 电感	L_{LV}	2	mH
额定功率	P	2	kW
开关频率	f	20	kHz
变压器匝比	$n_T = N_1 : N_2$	1:1	1
辅助串联电感	L	100	μH
可扩展变流单元数量	n	3	

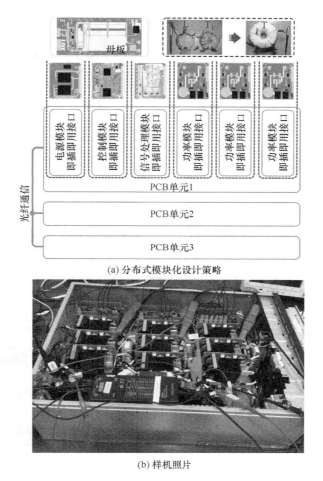

(a) 分布式模块化设计策略

(b) 样机照片

图 13.8　ACSST 的硬件设计与实现

13.6　实　验　研　究

13.6.1　稳态实验

稳态下,HVAC 端的电压和电流波形如图 13.9 所示。可以看出,级联单元在 HVAC 端产生了七电平阶梯电压;在有功功率控制状态下,HVAC 端的电网电流与电压保持同相位,级联单元以单位功率因数从 HVAC 电网吸收有功功率;在无功功率控制状态下,HVAC 端的电网电流超前电压约 90°,级联单元从电网吸收无功功率。

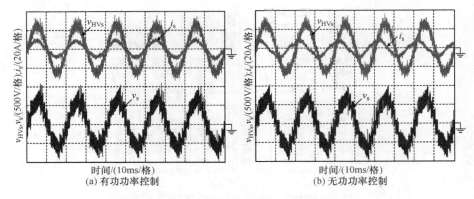

(a) 有功功率控制　　　　　　　　　　　(b) 无功功率控制

图 13.9　HVAC 端的电压和电流的稳态波形

　　稳态下,HVDC 和 LVDC 端的电压以及高频交流环节的电流波形如图 13.10 所示。可以看出,各 DAB 单元在 HVDC 端的电压均相等,在 LVDC 端的电压稳定在参考值 200V,表现了较好的电压平衡效果;各高频交流环节的电流也相等,表现了较好的功率平衡效果。

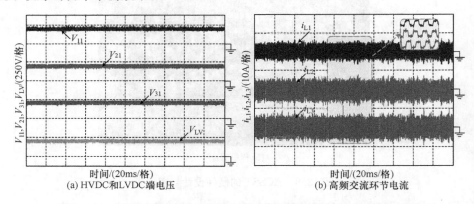

(a) HVDC 和 LVDC 端电压　　　　　　(b) 高频交流环节电流

图 13.10　HVDC 和 LVDC 端的电压和高频交流环节电流的稳态波形

　　稳态下,LVAC 端的电压和电流波形如图 13.11 所示。可以看出,在负载模式,LVAC 端电压由输出单元控制,有效值为 120V,LVAC 电流和传输功率由负载决定。在电网模式,LVAC 端电压由低压电网维持,输出单元控制 LVAC 电流保持较好的正弦性,并以单位功率因数向 LVAC 电网发出有功功率。

13.6.2　暂态实验

　　启动时,ACSST 的电压和电流波形如图 13.12 所示。由于在 HVAC 端增加了软启动电阻,HVAC 启动电流被限制在 10A 以下。在 t_1 时刻,$S_{Ai1}\sim S_{Ai4}$ 的驱动脉冲打开,HVDC 电压和 HVAC 电流控制器使能,HVDC 电压被闭环控制在参考

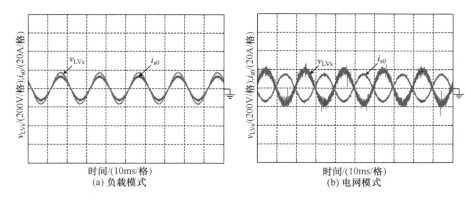

图 13.11　LVAC 端的电压和电流的稳态波形

值。2s 以后,在 t_2 时刻,$S_{Bi1} \sim S_{Bi4}$ 的驱动脉冲打开,HFI 单元的 HV 端全桥工作在逆变状态,而 LV 端全桥工作在不控整流状态给 LVDC 母线充电,LVDC 端的电压逐渐增加;由于在 HV 端全桥中增加了较大的内移相角,HFL 启动电流同样被限制在 10A 以下。2s 以后,在 t_3 时刻,$S_{Ci1} \sim S_{Ci4}$ 的驱动脉冲打开,LVDC 电压、LVDV 电流和 HVDC 平衡控制器使能,LVDC 电压被闭环控制在参考值,启动完成。

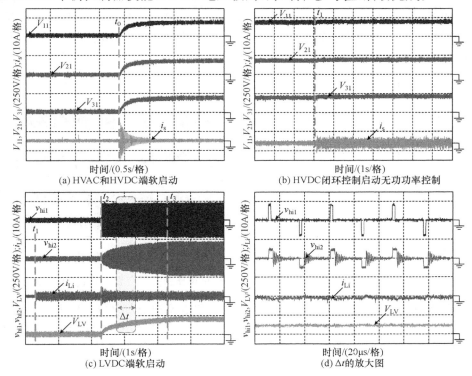

图 13.12　启动时,ACSST 的电压和电流的暂态波形

在传输功率方向切换和无功功率突变时,HVAC 端的电压和电流波形如图 13.13 所示。从图 13.13(a)中可以看出,HVAC 端的电网电流从与电压同相位迅速改变为反相位,ACSST 在 T_0 之前吸收有功功率,而在 T_0 之后变化为发出有功功率;从图 13.13(b)中可以看出,ACSST 可以对无功功率进行灵活控制。

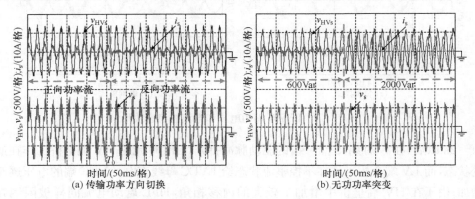

图 13.13　传输功率方向切换和无功功率突变时,HVAC 端电压和电流的暂态波形

在传输功率方向切换时,HVDC 和 LVDC 端的电压以及高频交流环节的电流波形如图 13.14 所示。从图中可以看出,当功率方向切换时,各 HVDC 和 LVDC 端电压和高频交流环节电流经过一段暂态后很快恢复稳定,并且均保持了较好的电压和功率平衡效果。

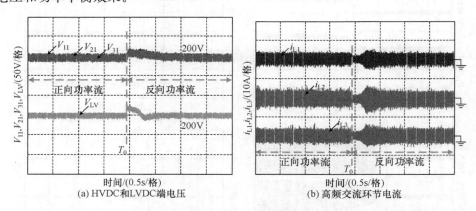

图 13.14　传输功率方向切换时,HVDC 和 LVDC 端电压及高频交流环节电流的暂态波形

在传输功率方向切换时,LVAC 端的电压和电流波形如图 13.15 所示。从图中可以看出,LVAC 端的电网电流从与电压同相位迅速改变为反相位;在 T_0 之前,功率从 HVAC 端流向 LVAC 端,而在 T_0 之后,功率从 LVAC 端流向 HVAC 端。

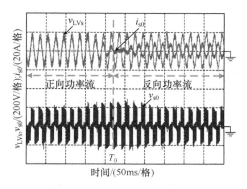

图 13.15　传输功率方向切换时，LVAC 端的电压和电流的暂态波形

　　根据上述分析，在稳态和暂态下，ACSST 均能工作稳定，并且表现出了较好的控制效果。

　　图 13.16 给出了 ACSST 效率随传输功率变化时的实验结果。从图中可以看出，当功率从 HVAC 端流向 LVAC 端时，ACSST 效率均保持在 92.2% 以上；在额定功率 $P_{\text{ACSST}} = 2\text{kW}$ 时，效率为 92.6%；在 $P_{\text{ACSST}} = 1200\text{W}$ 时，取得最大效率 95.9%。当功率从 LVAC 端流向 HVAC 端时，ACSST 效率均保持在 91.5% 以上；在额定功率 $P_{\text{ACSST}} = -2\text{kW}$ 时，效率为 93.3%；在 $P_{\text{ACSST}} = -1100\text{W}$ 时，取得最大效率 96.0%。

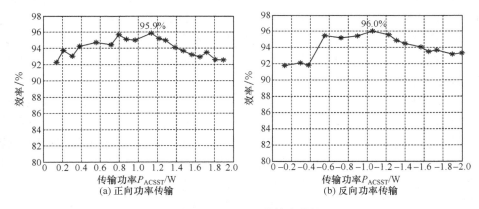

图 13.16　ACSST 的效率特性

13.7　基于 DAB 的 HFI-PCS 解决方案的统一策略探讨

　　本书中第 11~13 章分别从 AC-DC、DC-DC 和 AC-AC 变换角度，探讨了以 DAB 为核心的 HFI-PCS 解决方案。根据上述分析，如表 13.3 所示，可以归纳出

基于 DAB 的 HFI-PCS 的主要特点在于：①高功率密度；②高模块化程度；③高可控性；④四象限功率流动能力；⑤高电能质量。事实上，在上述特点中，正是由于高功率密度特性而促进了 HFI-PCS 的高模块化程度，而高可控性使系统具有了四象限功率流动能力和高电能质量。

表 13.3　　HFI-PCS 系统级解决方案的统一策略

主要特点	统一策略		
	拓扑结构	控制和管理	硬件设计
高功率密度	HFI 变压器	分层控制管理	分布式
高模块化	全控型器件	分布控制管理	模块化
高可控性	高可控性结构	分散逻辑控制	即插即用
四象限功率流	串联或并联		
高电能质量			

在拓扑结构的解决方案中，可以归纳为：①采用 HFI 变压器取代工频隔离变压器，以减小系统重量和体积，提高功率密度，进而也提高了模块化程度；②采用全控型器件取代不控或半控型器件，以达到高可控性；③采用全桥电路等高可控性变换结构，以取得四象限功率流动能力和高电能质量；④采用串联或并联方式以扩大系统容量和接入更高电压等级电网。

在第 11～13 章的方案中，IUPS 和 DCSST 主要是采用 DAB 取代传统的 DC-DC 变换器，而 ACSST 主要是采用 HFI 变压器或 DAB 插入传统 PCS 的直流母线环节中；在 AC 侧的接口上，主要是采用全桥电路结构；为了提高系统的容量，IUPS 采用在 AC 侧并联的方式，为了接入更高电压等级电网，DCSST 和 ACSST 分别采用了在直流侧和交流侧串联的方式。

由于 HFI-PCS 往往具有多步结构和较多的工作模式，控制和管理相对复杂。在控制和管理策略的解决方案中，可以归纳为：①采用分层控制管理将控制体系分为多层，可以提高 HFI-PCS 中能量管理的一致性和正确性；②采用分布式控制管理，使相同的串并联子单元具有相同的控制模型，可以简化控制设计，提高控制可靠性；③采用分散逻辑控制策略，将控制系统拆分为多个代理模块，并进一步将控制模型拆分为多个模块化的子控制器，可以提高控制的有序性，完成不同工作模式下稳态和暂态运行的控制目标。

在第 11～13 章的方案中，IUPS、DCSST 和 ACSST 均采用了分层控制管理策略，将控制体系分为四层，分别为控制目标制定层、工作模式识别层、核心控制层、执行层；采用分布式控制管理策略，IUPS 的并联供电和微电网发电模式中各 IUPS 单元具有相同的控制模型，DCSST 的各 DAB 单元具有相同的控制模型，ACSST 的各 AC-DC-DC 单元具有相同的控制模型；采用分散逻辑控制策略，IUPS 被拆分为整流馈电、隔离充放电和逆变三个模块，DCSST 仅具有 HFI 单元，ACSST 被拆分为级联、HFI 和输出三个单元，并且在核心控制层中，IUPS、DCSST 和 AC-SST 的控制模型均被离散化为多个模块化的子控制器，通过它们的逻辑组合实现不同工作模式下稳态和暂态的控制目标。

在硬件设计和实现的解决方案中，可以归纳为：①采用分布式设计，以符合及促进 HFI-PCS 的分布式控制管理，并进一步简化控制设计，提高控制可靠性和系统冗余性；②采用模块化设计，提高 HFI-PCS 硬件设计的统一性、便于系统功能扩充，并有效提高系统的功率密度；③采用即插即用设计，便于系统运输、安装和维修。

在第 11～13 章的方案中，IUPS、DCSST 和 ACSST 均采用了分布式设计，各 IUPS 单元、DAB 单元和可扩展变流器单元均具有完全相同的控制和功率系统；采用模块化设计，各单元均由电源模块、控制模块、信号处理模块、功率模块和磁性模块组成，并且 IUPS、DCSST 和 ACSST 中的电源模块、控制模块、信号处理模块和功率模块均相同，可以互相替代；采用即插即用设计，各模块均采用即插即用接口插入母板中，控制和功率系统之间通过母板实现信号传递，而各单元间通过光纤实现信号传递。

13.8　本章小结

本章主要给出了以 DAB 为核心的交流固态变压器（ACSST）解决方案。尤其是提出了 ACSST 的协调控制管理策略、分层控制管理体系、分散控制策略、分布式模块化设计策略的实施方案，研究表明：相比级联单元同时控制 HVDC 端的电压总和和电压平衡的方法，n 个级联子单元 HVDC 端的电压平衡由 DAB 子单元来控制，使得控制系统解耦，相对简单、可靠；采用分层控制管理和分散控制逻辑，可以提高 ACSST 中能量管理的一致性和正确性。

参 考 文 献

[1] Lasseter R H. Smart distribution:Coupled microgrids. Proceedings of the IEEE,2011,99(6): 1074-1082.

[2] Kanchev H,Frederic D L,Lazarov V,et al. Energy management and operational planning of a microgrid with a PV-based active generator for smart grid applications. IEEE Transactions on Industrial Electronics,2011,58(10):4583-4592.

[3] Boroyevich D,Cvetkovic I,Dong D,et al. Future electronic power distribution systems:A contemplative view. The 12th International Conference on Optimization of Electrical and Electronic Equipment,Basov,2010:1369-1380.

[4] 陈树勇,宋书芳,李兰欣,等. 智能电网技术综述. 电网技术,2009,33(8):1-7.

[5] 宋强,赵彪,刘文华,等. 智能直流配电网研究综述. 中国电机工程学报,2013,33(25):9-20.

[6] 张文亮,汤广福,查鲲鹏,等. 先进电力电子技术在智能电网中的应用. 中国电机工程学报, 2010,30(4):1-7.

[7] LaiJ S,Nelson D J. Energy management power converters in hybrid electric and fuel cell vehicles. Proceedings of the IEEE,2007,95(4):766-777.

[8] Chiang H C,Ma T T,Cheng Y H,et al. Design and implementation of a hybrid regenerative power system combining grid-tie and uninterruptible power supply functions. IET Renewable Power Generation,2009,4(1):85-99.

[9] RodrÍguez J,Bernet S,Wu B,et al. Multilevel voltage-source-converter topologies for industrial medium-voltage drives. IEEE Transactions on Industrial Electronics,2007,54(6):2930-2945.

[10] RoyS,Umanand L. Integrated magnetics-based multisource quality ac power supply. IEEE Transactions on Industrial Electronics,2011,58(4):1350-1358.

[11] Franceschini G,Lorenzani E,Buticchi G. Saturation compensation strategy for grid connected converters based on line frequency transformers. IEEE Transactions on Energy Conversion,2012,27(2):229-237.

[12] 宋强,赵彪,刘文华,等. 智能电网中的新一代高频隔离功率转换技术. 中国电机工程学报, 2014,34(36):6369-6379.

[13] Fan H,Li H. High-frequency transformer isolated bidirectional dc-dc converter modules with high efficiency over wide load range for 20kVA solid-state transformer. IEEE Transactions on Power Electronics,2011,26(12):3599-3609.

[14] Biela J,Schweizer M,Waffler S,et al. SiC versus Si-evaluation of potentials for performance improvement of inverter and dc-dc converter systems by SiC power semiconductors. IEEE Transactions on Industrial Electronics,2011,58(7):2872-2882.

[15] Wang Y,Haan S W H,Ferreira J A. Potential of improving PWM converter power density with advanced components. The 13th European Conference on Power Electronics and Applications,Barcelona,2009:1-10.

[16] Chung J W, Ryu K, Lu B, et al. GaN-on-Si technology, a new approach for advanced devices in energy and communications. Proceedings of the European Solid-State Device Research Conference, Sevilla, 2010:52-56.

[17] 盛况, 郭清, 张军明, 等. 碳化硅电力电子器件在电力系统的应用展望. 中国电机工程学报, 2012, 32(10):1-8.

[18] Mazumder S K, Jedraszczak P. Evaluation of a SiC dc/dc converter for plug-in hybrid-electric-vehicle at high inlet-coolant temperature. IET Power Electronics, 2010, 4(6):708-714.

[19] Mazumder S K, Acharya K, Jedraszczak P. High-temperature all-SiC bidirectional dc/dc converter for plug-in-hybrid vehicle. The 34th IEEE Annual Conference on Industrial Electronics Society, Orlando, 2008:2873-2878.

[20] Acharya K, Mazumder S K, Jedraszczak P. Efficient, high-temperature bidirectional dc/dc converter for plug-in-hybrid electric vehicle (PHEV) using SiC devices. The 24th IEEE Annual Applied Power Electronics Conference and Exposition, Washington D C, 2009: 642-648.

[21] Wood R A, Urciuoli D P, Salem T E, et al. Reverse conduction of a 100A SiC DMOSFET module in high-power applications. The 25th IEEE Annual Applied Power Electronics Conference and Exposition, Palm Springs, 2010:1568-1571.

[22] Biela J, Aggeler D, Bortis D, et al. 5kV/200ns pulsed power switch based on a SiC-JFET super casode. Proceedings of the 2008 IEEE International Power Modulators and High Voltage Conference, Las Vegas, 2008:358-361.

[23] Lai R, Wang F, Burgos R, et al. A shoot-through protection scheme for converters built with SiC JFETs. IEEE Transactions on Industry Applications, 2010, 46(6):2495-2550.

[24] Aggeler D, Biela J, Kolar J W. Controllable du/dt behavior of the SiC MOSFET/JFET cascode an alternative hard commutated switch for telecom applications. The 25th IEEE Annual Applied Power Electronics Conference and Exposition, Palm Springs, 2010:1584-1590.

[25] Friedli T, Round S D, Hassler D, et al. Design and performance of a 200-kHz all-SiC JFET current DC-link back-to-back converter. IEEE Transactions on Industry Applications, 2009, 45(5):1868-1878.

[26] Peftitsis D, Rabkowski J, Tolstoy G, et al. Experimental comparison of dc-dc boost converters with SiC JFETs and SiC bipolar transistors. European Conference on Power Electronics and Applications, Birmingham, 2011:1-9.

[27] Yang L, Zhao T, Wang J, et al. Design and analysis of a 270kW five-level dc/dc converter for solid state transformer using 10kV SiC power devices. The 38th IEEE Annual Power Electronics Specialist Conference, Orlando, 2010:245-251.

[28] Wang J, Zhao T, Li J, et al. Characterization, modeling and application of 10-kV SiC MOSFET. IEEE Transactions on Electron Devices, 2008, 55(8):1798-1806.

[29] Wang J, Li J, Zhou X, et al. 10kV SiC MOSFET based boost converter. IEEE Industry Applications Society Annual Meeting, Edmonton, 2008:1-6.

[30] Kadavelugu A, Baek S, Dutta S, et al. High-frequency design considerations of dual active bridge 1200V SiC MOSFET dc-dc converter. The 26th IEEE Annual Applied Power Electronics Conference and Exposition, Fort Worth, 2011:314-320.

[31] Sasagawa M, Nakamura T, Inoue H, et al. A study on the high frequency operation of dc-dc converter with SiC DMOSFET. IEEE International Power Electronics Conference, Sapporo, 2010:1946-1949.

[32] Carr J A, Hota D, Balda J C, et al. Assessing the impact of SiC MOSFETs on converter interfaces for distributed energy resources. IEEE Transactions on Power Electronics, 2009, 24(1):260-270.

[33] Jiang D, Burgos R, Wang F, et al. Temperature-dependent characteristics of SiC devices: Performance evaluation and loss calculation. IEEE Transactions on Power Electronics, 2012, 27(2):1013-1024.

[34] Chung H S H, Cheung W L, Tang K S. A ZCS bidirectional flyback dc/dc converter. IEEE Transactions on Power Electronics, 2004, 19(6):1426-1434.

[35] Zhang F, Yan Y. Novel forward-flyback hybrid bidirectional dc-dc converter. IEEE Transactions on Industrial Electronics, 2009, 56(5):1578-1584.

[36] Xiao H, Xie S. A ZVS bidirectional dc-dc converter with phase-shift plus PWM control scheme. IEEE Transactions on Power Electronics, 2008, 23(2):813-823.

[37] Zhang Z, Thomsen O C, Andersen M A E. Optimal design of a push-pull-forward half-bridge(PPFHB) bidirectional dc-dc converter with variable input voltage. IEEE Transactions on Industrial Electronics, 2012, 59(7):2761-2771.

[38] Souza E V, Barbi I. Bidirectional current-fed flyback-push-pull dc-dc converter. Brazilian Power Electronics Conference, 2011:8-13.

[39] Li H, Peng F Z, Lawler J S. A natural ZVS medium-power bidirectional dc-dc converter with minimum number of devices. IEEE Transactions on Industry Applications, 2003, 39(2): 525-535.

[40] Roggia L, Schuch L, Baggio J E, et al. Integrated full-bridge-forward dc-dc converter for a residential microgrid application. IEEE Transactions on Power Electronics, 2013, 28(4): 1728-1740.

[41] Wang K, Lin C Y, Zhu L, et al. Bidirectional dc to dc converters for fuel cell systems. Power Electronics in Transportation, 1998:47-51.

[42] Hirose T, Matsuo H. A consideration of bidirectional superposed dual active bridge dc-dc converter. The 2nd IEEE International Symposium on Power Electronics for Distributed Generation Systems, Hefei, 2010:39-46.

[43] Inoue S, Akagi H. A bidirectional isolated dc-dc converter as a core circuit of the next-generation medium-voltage power conversion system. IEEE Transactions on Power Electronics, 2007, 22(2):535-542.

[44] Doncker R W D, Divan D M, Kheraluwala M H. A three-phase soft-switched high-power density dc-dc converter for high-power applications. IEEE Transactions on Industrial Application, 1991, 27(1): 63-73.

[45] Kheraluwala M H, Gascoigne R W, Divan D M. Performance characterization of a high-power dual active bridge dc-to-dc converter. IEEE Transactions on Industrial Application, 1992, 28(6): 1294-1301.

[46] BaiH, Mi C. Eliminate reactive power and increase system efficiency of isolated bidirectional dual-active-bridge DC-DC converters using novel dual-phase-shift control. IEEE Transactions on Power Electronics, 2008, 23(6): 2905-2914.

[47] XieY, Sun J, Freudenberg J S. Power flow characterization of a bidirectional galvanically isolated high-power dc-dc converter over a wide operating range. IEEE Transactions on Power Electronics, 2010, 25(1): 54-66.

[48] Demetriades G D, Nee H P. Dynamic modeling of the dual-active bridge topology for high-power applications. IEEE Power Electronics Specialists Conference, Rhodes, 2008: 457-464.

[49] Bai H, Mi C, Wang C, et al. The dynamic model and hybrid phase-shift control of a dual-active-bridge converter. The 34th Annual Conference on IEEE Industrial Electronics Society, Orlando, 2008: 2840-2845.

[50] Bai H, Nie Z, Mi C. Experimental comparision of traditional phase-shift, dual-phase-shift, and model-based control of isolated bidirectional dc-dc converters. IEEE Transaction on Power Electronics, 2010, 25(6): 1444-1449.

[51] Zhao C, Round S D, Kolar J W. Full-order averaging modeling of zero-voltage-switching phase-shift bidirectional dc-dc converters. IET Power Electronics, 2010, 3(3): 400-410.

[52] Krismer F, Kolar J W. Accurate small-signal model for the digital control of an automotive bidirectional dual active bridge. IEEE Transaction on Power Electronics, 2009, 24(12): 2756-2768.

[53] Qin H, Kimball J W. Generalized average modeling of dual active bridge dc-dc converter. IEEE Transaction on Power Electronics, 2012, 27(4): 2078-2084.

[54] Krismer F, Biela J, Kolar J W. A comparative evaluation of isolated bidirectional dc/dc converters with wide input and output voltage range. The 40th Annual Conference on IEEE Industry Applications Society, Hong Kong, 2005: 599-606.

[55] Karshenas H R, Daneshpajooh H, Safaee A, et al. Basic families of medium-power soft-switched isolated bidirectional dc-dc converters. The 2nd Power Electronics, Drive Systems and Technologies Conference, Tehran, 2011: 92-97.

[56] Guidi G, Kawamura A, Sasaki Y, et al. Dual active bridge modulation with complete zero voltage switching taking resonant transitions into account. The 14th European Conference on Power Electronics and Applications, Brimingham, 2011: 1-10.

[57] Li X, Bhat A K S. Analysis and design of high-frequency isolated dual-bridge series resonant dc/dc converter. IEEE Transactions on Power Electronics, 2010, 25(4): 850-862.

[58] Chen W, Rong P, Lu Z Y. Snubberless bidirectional DC-DC converter with new CLLC resonant tank featuring minimized switching loss. IEEE Transactions on Industrial Electronics, 2010, 57(9):3075-3086.

[59] Jung J H, Kim H S, Ryu M H, et al. Design methodology of bidirectional CLLC resonant converter for high-frequency isolation of dc distribution systems. IEEE Transactions on Power Electronics, 2013, 28(4):1741-1755.

[60] Chen W, Lu Z. Investigation on topology for type-4 LLC resonant dc-dc converter. IEEE Power Electronics Specialists Conference, Rhodes, 2008:1421-1425.

[61] Ma G, Qu W L, Yu G, et al. A zero-voltage-switching bidirectional DC-DC converter with state analysis and soft-switching-oriented design consideration. IEEE Transactions on Industrial Electronics, 2009, 56(6):2174-2184.

[62] Zhu L. A novel soft-commutating isolated boost full-bridge ZVS-PWM dc-dc converter for bidirectional high power applications. IEEE Transactions on Power Electronics, 2006, 21(2):422-429.

[63] Xu D H, Zhao C H, Fan H F. A PWM plus phase-shift control bidirectional DC-DC converter. IEEE Transactions on Power Electronics, 2004, 19(3):666-675.

[64] Jain A K, Ayyanar R. PWM control of dual active bridge: comprehensive analysis and experimental verification. IEEE Transactions on Power Electronics, 2011, 26(4):1215-1227.

[65] Kim M, Rosekeit M, Sul S K, et al. A dual-phase-shift control strategy for dual-active-bridge dc-dc converter in wide voltage range. The 8th IEEE International Conference on Power Electronics and ECCE Asia, Jeju, 2011:364-371.

[66] Zhou H, Khambadkone A M. Hybrid modulation for dual-active-bridge bidirectional converter with extended power range for ultracapacitor application. IEEE Transactions on Industry Applications, 2009, 45(4):1434-1442.

[67] Krismer F, Kolar J W. Closed form solution for minimum conduction loss modulation of DAB converters. IEEE Transactions on Power Electronics, 2012, 27(1):174-188.

[68] Krismer F, Kolar J W. Efficiency-optimized high-current dual active bridge converter for automotive applications. IEEE Transactions on Industrial Electronics, 2012, 59(7):2745-2760.

[69] Du Y, Lukic S M, Jacobson B S, et al. Modulation technique to reverse power flow for the isolated series resonant dc-dc converter with clamped capacitor voltage. IEEE Transactions on Industrial Electronics, 2012, 59(12):4617-4628.

[70] Wu K, Silva C W, Dunford W G. Stability analysis of isolated bidirectional dual active full-bridge dc-dc converter with triple phase-shift control. IEEE Transactions on Power Electronics, 2012, 27(4):2007-2017.

[71] MiC, Bai H, Wang C, et al. Operation, design and control of dual H-bridge-based isolated bidirectional dc-dc converter. IET Power Electronics, 2008, 1(4):507-517.

[72] Alonso A R,Sebastian J,Lamar D G,et al. An overall study of a dual active bridge for bidirectional dc/dc conversion. IEEE Energy Conversion Congress and Exposition, Atlanta, 2010:1129-1135.

[73] Oggier G G,Ordonez M,Galvez J M,et al. Fast transient boundary control and steady-state operation of the dual active bridge converter using the natural switching surface. IEEE Transactions on Power Electronics,2014,29(2):946-957.

[74] Bai H,Mi C,Gargies S. The short-time-scale transient processes in high-voltage and high-power isolated bidirectional dc-dc converters. IEEE Transactions on Power Electronics, 2008,23(6):2648-2656.

[75] Bragard M,Soltau N,Thomas S,et al. The balance of renewable sources and user demands in grids:Power electronics for modular battery energy storage systems. IEEE Transactions on Power Electronics,2010,25(12):3049-3056.

[76] Qian H,Zhang J,Lai J S,et al. A high-efficiency grid-tie battery energy storage system. IEEE Transactions on Power Electronics,2011,26(3):886-896.

[77] Trintis I,Nielsen S M,Teodorescu R. Single stage grid converters for battery energy storage. The 5th IET International Conference on Power Electronics, Machines and Drives, Brighton,2010:1-6.

[78] 金一丁. 大容量电池储能电网接入系统关键技术研究. 北京:清华大学博士学位论文,2011.

[79] Alex H,Mariesa L C,Gerald T H,et al. The future renewable electric energy delivery and management system:The energy internet. Proceedings of the IEEE,2011,99(1):133-148.

[80] She X,Lukic S,Huang A Q,et al. Performance evaluation of solid state transformer based microgrid in FREEDM systems. The 26th IEEE Annual Applied Power Electronics Conference and Exposition,Fort Worth,2011:182-188.

[81] Du Y,Baek S,Bhattacharya S,et al. High-voltage high-frequency transformer design for a 7. 2kV to 120V/240V 20 kVA solid state transformer. The 36th IEEE Annual Conference on Industrial Electronics Society,Glendale,2010:493-498.

[82] Wang F,Lu X,Wang W,et al. Development of distributed grid intelligence platform for solid state transformer. IEEE International Conference on Smart Grid Communications, Taipei, 2012:481-485.

[83] She X,Huang A Q,Wang G. 3-D space modulation with voltage balancing capability for a cascaded seven-level converter in a solid-state transformer. IEEE Transactions on Power Electronics,2011,26(12):3778-3789.

[84] Bifaretti S,Zanchetta P,Watson A,et al. Advanced power electronic conversion and control system for universal flexible power management. IEEE Transactions on Smart Grid,2011, 2(2):231-243.

[85] Masoud A,Wheeler P,Chare J. Sliding mode observer design for universal flexible power management(Uniflex-PM) structure. The 34th IEEE Annual Conference on Industrial Elec-

tronics Society, Orlando, 2008: 3321-3326.

[86] Clare J. Advanced power converters for universal and flexible power management in future electricity networks. Power Electronics and Motion Control Conference, Wuhan, 2009: 1-29.

[87] 赵彪, 宋强, 刘文华, 等. 用于柔性直流配电的高频链直流固态变压器. 中国电机工程学报, 2014, 34(25): 4295-4303.

[88] 李梓. 基于碳化硅器件的智能功率变换系统的研究. 北京: 北京交通大学硕士学位论文, 2012.

[89] Wang G, Baek S, Elliott J, et al. Design and hardware implementation of Gen-1 silicon based solid state transformer. The 26th Annual IEEE Applied Power Electronics Conference and Exposition, Fort Worth, 2011: 1344-1349.

[90] Zhao B, Yu Q, Sun W. Extended-phase-shift control of isolated bidirectional dc-dc converter for power distribution in microgrid. IEEE Transactions on Power Electronics, 2012, 27 (11): 4667-4680.

[91] Zhao B, Song Q, Liu W. Efficiency characterization and optimization of isolated bidirectional dc-dc converter based on dual-phase-shift control for dc distribution application. IEEE Transactions on Power Electronics, 2013, 28(4): 1711-1727.

[92] Chung I, Liu W X, Andrus M, et al. Integration of a bidirectional dc-dc converter model into a real-time system simulation of a shipboard medium voltage dc system. Electric Power Systems Research, 2011, 81: 1051-1059.

[93] Huang J C, Li W L. A bidirectional dc-dc converter for fuel cell electric vehicle driving system. IEEE Transactions on Power Electronics, 2006, 21(4): 950-958.

[94] Tao H, Kotsopoulos A, Duarte J L, et al. Family of multiport bidirectional dc-dc converters. IEE Proceedings Electric Power Applications, 2006, 153(3): 451-458.

[95] Zhao C, Round S D, Kolar J W. An isolated three-port bidirectional dc-dc converter with decoupled power flow management. IEEE Transactions on Power Electronics, 2008, 23(5): 2443-2453.

[96] Phattanasak M, Ghoachani R G, Martin J P, et al. Flatness based control of an isolated three-port bidirectional dc-dc converter for a fuel cell hybrid source. IEEE Energy Conversion Congress and Exposition, Phoenix, 2011: 977-984.

[97] Wang Z, Li H. An integrated three-port bidirectional dc-dc converter for PV application on a dc distribution system. IEEE Transactions on Power Electronics, 2013, 28(10): 4612-4624.

[98] Walter J, Doncker R W D. High-power galvanically isolated dc/dc converter topology for future automobiles. The 34th IEEE Annual Power Electronics Specialist Conference, Acapulco, 2003: 27-32.

[99] Segaran D, Holmes D G, Mcgrath B P. Comparative analysis of single and three-phase dual active bridge bidirectional dc-dc converters. Australasian Universities Power Engineering Conference, Sydney, 2008: 1-6.

[100] Soltau N, Siddique H A B, Doncker R W D. Comprehensive modeling and control strategies for a three-phase dual-active bridge. International Conference on Renewable Energy Research and Applications, Nagasaki, 2012: 1-6.

[101] Engel S P, Soltau N, Stagge H, et al. Dynamic and balanced control of three-phase high-power dual-active bridge dc-dc converters in dc-grid applications. IEEE Transactions on Power Electronics, 2013, 28(4): 1880-1889.

[102] Hoek H, Neubert M, Doncker R W D. Enhanced modulation strategy for a three-phase dual active bridge-boosting efficiency of an electric vehicle converter. IEEE Transactions on Power Electronics, 2013, 28(12): 5499-5507.

[103] Aggeler D, Biela J, Kolar J W. A compact, high voltage 25kW, 50kHz dc-dc converter based on SiC JFETs. The 23rd Annual IEEE Applied Power Electronics Conference and Exosition, Austin, Texas, 2008: 801-807.

[104] Hayato H, Jun I. Derivation of operation mode for flying capacitor topology applied to three-level DAB converter. 2015 IEEE 2nd International Future Energy Electronics Conference, Taipei, 2015: 1-6.

[105] Luth T, Merlin M C, Green T C, et al. High-frequency operation of a dc/ac/dc system for HVDC application [J]. IEEE Transactions on Power Electronics, 2014, 29(8): 4107-4115.

[106] Zhao B, Song Q, Li J, et al. High-frequency-link modulation methodology of dc-dc transformer based on modular multilevel converter for HVDC application: Comprehensive analysis and experimental verification. IEEE Transactions on Power Electronics, 2016.

[107] Gowaid I A, Adam G P, Ahmed S, et al. Analysis and design of a modular multilevel converter with trapezoidal modulation for medium and high voltage DC-DC transformers. IEEE Transactions on Power Electronics, 2015, 30(10): 5439-5457.

[108] Zhao B, Song Q, Li J, et al. Multilevel-high-frequency-link dc transformer based on dual active phase-shift principle for medium-voltage dc power distribution application. IEEE Transactions on Power Electronics, 2016.

[109] Chen D. Novel current-mode ac/ac converters with high-frequency ac link. IEEE Transactions on Industrial Electronics, 2008, 55(1): 30-37.

[110] Chen D, Chen Y. Step-up ac voltage regulators with high-frequency link. IEEE Transactions on Power Electronics, 2013, 28(1): 390-397.

[111] Li L, Zhong Q. Comparisons of two kinds of ac/ac converters with high frequency link. The 34th IEEE Annual Conference on Industrial Electronics Society, Florida, 2008: 618-622.

[112] Tsai M T, Liu C H. Design and implementation of a cost-effective quasi line-interactive UPS with novel topology. IEEE Transactions on Power Electronics, 2003, 18(4): 1002-1011.

[113] Jou H L, Wu J C, Tsai C, et al. Novel line-interactive uninterruptible power supply. IEE Proceedings Electric Power Applications, 2004, 151(3): 359-364.

[114] Ghetti F T,Barbosa P G,Barga H A C. A study on single-phase delta UPS topological alternatives. Brazilian Power Electronics Conference,Mato Grosso do Sul,2009:1011-1018.

[115] Liang T J,Shyu J L. Improved DSP-controlled online UPS system with high real output power. IEE Proceedings Electric Power Applications,2004,151(1):121-127.

[116] Sousa G,Cruz C,Branco C,et al. A low cost flyback-based high power factor battery charger for UPS applications. Brazilian Power Electronics Conference,Mato Grosso do Sul,2009:783-790.

[117] Vázauez N,Saucillo J V,Hernández C,et al. Two-stage uninterruptible power supply with high power factor. IEEE Transactions on Industrial Electronics,2008,55(8):2954-2962.

[118] Hirachi K,Yoshitsugu J,Nishimura K,et al. Switched-mode PFC rectifier with high-frequency transformer link for high-power density single phase UPS. IEEE Power Electronics Specialists Conference,Saint Louis,1997:290-296.

[119] Yamada R,Kuroki K,Shinohara J,et al. High-frequency isolation UPS with novel SMR. International Conference on Industrial Electronics, Control, and Instrumentation, Maui, 1993:1258-1263.

[120] Tao H,Duarte J L,Hendrix M A M. Line-interactive UPS using a fuel cell as the primary source. IEEE Transactions on Industrial Electronics,2008,55(8):3012-3021.

[121] Daut I,Irwanto M,Hardi S. Photovoltaic powered uninterruptible power supply using smart relay. Power Engineering and Optimization Conference,Shah Alam,2010:453-457.

[122] Chiang H C,Ma T T,Cheng Y H,et al. Design and implementation of a hybrid regenerative power system combining grid-tie and uninterruptible power supply functions. IET Renewable Power Generation,2009,4(1):85-99.

[123] Jiang W,Fahimi B. Active current sharing and source management in fuel cell-battery hybrid power system. IEEE Transactions on Industrial Electronics,2010,57(2):752-761.

[124] Guerrero J M,Vásquez J C,Matas J,et al. Control strategy for flexible microgrid based on parallel line-interactive UPS system. IEEE Transactions on Industrial Electronics,2009,56(3):726-736.

[125] Abusara M A,Sharkh S M. Control of line interactive UPS systems in a microgrid. IEEE International Symposium on Industrial Electronics,Gdansk,2011:1433-1440.

[126] 肖宜. 并网型不间断电源设计及仿真研究. 北京:清华大学硕士学位论文,2010.

[127] Flourentzou N,Agelidis V G,Demetriades G D. VSC-based HVDC power transmission systems:An overview. IEEE Transactions on Power Electronics,2009,24(3):592-602.

[128] Du C,Agneholm E,Olsson G. Use of VSC-HVDC for industrial systems having onsite generation with frequency control. IEEE Transactions on Power Delivery,2008,23(4):2233-2240.

[129] Song Q,Liu W,Li X,et al. A steady-state analysis method for a modular multilevel converter. IEEE Transactions on Power Electronics,2013,28(8):3702-3713.

[130] Peltoniemi P, Nuutinen P, Pyrhonen J. Observer-based output voltage control for dc power distribution purposes. IEEE Transactions on Power Electronics, 2013, 28(4):1914-1926.

[131] Lago J, Heldwein M L. Operation and control-oriented modeling of a power converter for current balancing and stability improvement of dc active distribution networks. IEEE Transactions on Power Electronics, 2011, 26(3):877-885.

[132] Zumel P, Ortega L, Lazaro A, et al. Control strategy for modular dual active bridge input series output parallel. The 14th IEEE Workshop on Control and Modeling for Power Electronics, Salt Lake City, 2013:1-7.

[133] Wang D, Mao C, Lu M. Coordinated control of EPT and generator excitation system for multidouble-circuit transmission lines system. IEEE Transactions on Power Delivery, 2008, 23(1):371-379.

[134] Shi J, Gou W, Yuan H, et al. Research on voltage and power balance control for cascaded modular solid-state transformer. IEEE Transactions on Power Electronics, 2011, 26(4): 1154-1166.